趣味科学丛书

趣味天文

赵君亮　编著

上海辞书出版社

图书在版编目（CIP）数据

趣味天文 / 赵君亮编著. —上海：上海辞书出版社，2020

（趣味科学丛书）

ISBN 978－7－5326－5616－5

I. ①趣… II. ①赵… III. ①天文学—普及读物 IV. ①P1-49

中国版本图书馆 CIP 数据核字（2020）第 126331 号

趣味天文 qu wei tian wen

赵君亮 编著

责任编辑 于 霞
装帧设计 陈艳萍

出版发行 上海世纪出版集团
上海辞书出版社（www. cishu. com. cn）
地　　址 上海市陕西北路 457 号（邮编 200040）
印　　刷 上海盛通时代印刷有限公司
开　　本 890×1240 毫米 1/32
印　　张 6.5
字　　数 157 000
版　　次 2020 年 9 月第 1 版 2020 年 9 月第 1 次印刷
书　　号 ISBN 978－7－5326－5616－5 / P · 27
定　　价 20. 00 元

目　录

地球、月球和太阳

太阳系

恒星和银河系

星系和宇宙学

望远镜与空间探测

时间与历法

探索外星生命

地球、月球和太阳

diqiuyueqiuhetaiyang

地球形状像梨吗

早在公元前 6—前 5 世纪，已有人提出了地球是球形的概念，但那时的学者们只是从球形最完美的观念出发而产生这种看法，并无科学依据。200 多年后，亚里士多德注意到月食发生时，地球在月球上的影子是一个圆，于是推测地球应该是球形，可算是首次尝试以科学观点论证地球为一球体。不过，直到 15 世纪，欧洲大多数人仍认为大地是平的。在中国，春秋战国时代的“天圆地方”说也认为地是方的，天是圆的。在万有引力得到公认之前，人们实在无法想象生活在球形地球上的人为什么不会“掉下去”。

现代科学对地球形状的认识又如何呢？要说清楚这一点还真有点麻烦。地球上有高山、平原、盆地、海洋等地貌，地球实际形状必然极为复杂。设想在地球陆地部分开挖出密密麻麻的、呈网状分布的众多细深沟，再想象海水会自然流入其中，由这些充满水的网状水系所构成的曲面便称为大地水准面，大地测量学上用大地水准面的大小和形状来表征地球，但这不能提供有关地球总体形状的基本概念。

通常说地球是一个半径约为 6 400 千米的硕大球体，这是对地球总体形状粗略的描述。事实上，地球上最高的山峰珠穆朗玛峰海拔约为 8 844 米，而最深的太平洋马里亚纳海沟深约 11 034 米；两者的高差不超过 20 千米，仅约为地球半径的 0.3%。如用圆规在纸上作一个半径 10 厘米的圆来代表地球，那么 20 千米的起伏在这幅图上只有区区 0.3 毫米。可见，“地球是一个球”的说法还是很不错的。

比较严格地说，地球是一个略微“压扁”了的旋转椭球体：赤道半径约为 6 378 千米，两极方向略扁，极向半径 6 357 千米，两者相差 21 千米。这种形状是由地球诞生初期的状态所决定的：一个有自转的物体，只要它不是理想的刚体，那么最终必然形成扁状旋转椭球体。不过，这 21 千米的差异在上面那幅图上也就是很不起眼的 0.3 毫米。

说得更严格一点，地球赤道也不是圆，而是一个椭圆，地球是一个三轴椭球体。精确的大地测量还表明，地球南北半球并不对称，南极向外凸出约 10 米，北极向内凹进约 30 米。于是有人说地球具有梨状的外形，这个“梨子”的端部就在地球的北极。不过，这一凸一凹也就差了 40 米（0.04 千米）左右，仅为地球半径的百万分之六。在前面那幅图上，40 米仅相当于 0.000 6 毫米，即使用 100 倍的放大镜，人眼也完全看不出来。可见，说地球像个“梨”实在是名不符实，即使说它只有理论上的含义也太过勉强。

总而言之，用“地球”来称呼人类栖居的家园是十分确切的。

那么，人们能否真切地感受到地球确是一个圆球呢？

1519—1522 年间，葡萄牙航海探险家麦哲伦所率领的船队，完成了人类历史上首次环球航行。人们常说麦哲伦船队环球航行的成功，证明了地球是圆球形的，世界各地的海洋是连成一体的。其实，环球航行的成功并没有证明地球必然具有圆球形，因为哪怕地球如大冬瓜那样根本不是一个圆球，但只要海洋能连成一体，麦哲伦船队最终还是能绕这个“冬瓜地球”转一圈回到出发地。

其他一些实测上的感受同样不能证明地球必定是一个圆球。举例说，人们在海边眺望远方归来的渔船时，总是先看到船的上部，如桅杆顶端，然后看到桅杆的下部，最后才能看到船身。此类观测事实只能说明地球表面是一种向外凸的曲面，而并非一定是圆球面。相比之下，早期亚里士多德认识到用月食景象来证明地球是个圆球则显得更具说服力，因为如果每一次月食发生时地球的影子都是一个圆或圆的一部分，那么对这一观测事实用圆球形的地球来加以解释显然最为合理和自然。

尽管今天的大地测量可以严格证明地球是一个球，甚至在更高精度上是一个扁旋转椭球体或者三轴椭球体，但因专业所限还是很难向公众解释清楚。

现代空间科学技术的发展使这一难题迎刃而解。人造卫星上天，特别是实现了宇航员漫游太空之后，人们从几万千米高空，或者从月亮上遥望自己的故乡——地球，拍摄了许多精美的地球照片，地球的全貌一览无遗，从而充分证明地球确是一个几近完美的圆球。

眼见未必为实

“耳听为虚，眼见为实”，可有些事物却未必如此，物体的运动即属典型之例：你所看到的物体运动，未必反映了该物体的真实运动状态，甚至它可能根本就没有动。

道理很简单，因为任何物体的运动都是相对的。你站在路边，看到各种车辆在你面前匆匆而过，而坐在汽车里的人会看到路旁的电杆在向后方退去。不过，常识告诉我们，电杆的后退只是汽车朝前行驶的视觉反映，电杆本身并没有动。这就是运动的相对性：要想讨论物体 A 的运动，必须选择另一个物体 B 作为参考标准，然后才能考察 A 相对 B 的运动，如以不同物体为参考标准，物体 A 的运动情况会是不同的。

生活在地球上的人无时不参与地球的运动，所谓“坐地日行八万里”就隐含了运动的相对性：赤道上的人，即使“坐着”并保持不动，一天内也会绕地心转过 4 万千米。人们所观测到的天体在天球（以观测者为中心、任意长为半径的假想球面）上的位置称为天体的“视位置”，而把视位置的变化称为天体的“视运动”或“表观运动”，它是地球自身运动和天体实际运动的综合观测效应。天文学家需要也只能通过观测天体的视运动特征，来探求它们的实际运动状况。所有的天体，包括太阳、月球、行星、恒星等，无一例外。

每天看到太阳早晨从东方升起，傍晚在西方下落，这就是地球自西向东绕轴自转的反映。然而，由于人类从来就生活在地球上，地球很大而且转得非常均匀，所以直观上根本觉察不到地球在转，相反很自然地认为地球是不动的，而其他天体都在绕着地球转。

地球主要有两种运动形式：绕地轴的自转和绕太阳的公转，转动周期分别为一天和一年。因地球自转造成的天体视运动称为周日视运动，由地球公转引起的天体视运动称为“周年视运动”，两者的合成即为实际所观测到的天体视运动。对于太阳系天体和太阳系外天体（如恒星等）来说，这两种视运动的表现形式

恒星周日视运动

颇为不同。

行星(以及彗星、小行星等太阳系天体)绕太阳公转,不同的行星有不同的公转轨道、公转周期和轨道运动速度,轨道面与黄道面的交角也各不相同。行星离地球比恒星近得多,尽管行星自身公转运动在周日视运动中的反映并不显著,但在周年视运动(即一年内的不同日期)中会明显表现出来。恒星的情况则完全不同。恒星离地球甚为遥远,最近一颗恒星的距离也要超过地球与太阳间距离的26万倍,星系的距离更要远得多,它们自身的运动在上述两种视运动中所占的比例极小,恒星等太阳系外天体的周日视运动比较简单,也是东升西落。

当然,太阳还携带着整个太阳系绕银河系中心转,其他恒星也在绕银河系中心转动,而银河系又在宇宙空间中运动,可见天体的实际空间运动情况相当复杂。不过,在仅涉及与太阳系天体运动有关的问题时,完全不需要顾及太阳在银河系中的高速运动。

月球的情况比较特殊。月球是地球的卫星,它绕地球公转,公转周期为一个月。通常不说月球的周年视运动,只谈及它的周日视运动,以及由月球公转引起的月球视位置在一个月内的变化规律,但并没有“周月视运动”之说。

转动也是一种运动,也具有相对性,关于这一点月球的公转最为明显。月球相对远方恒星绕地球转过一周所需要的时间称为“恒星月”,约等于27.3日。但是,它在绕地球转的同时,还随着地球一起绕太阳公转。月球绕地球转和地球绕太阳转的方向相同,因此当月球经27.3日相对恒星完成一整周运动之时,相对太阳还需经过一段时间才能转过一整周,这个周期称为“朔望月”,约等于29.5日。月球本身不发光,只是因反射太阳光才被看到,所以朔望月是月球形状圆缺变化(称为月相)的周期。

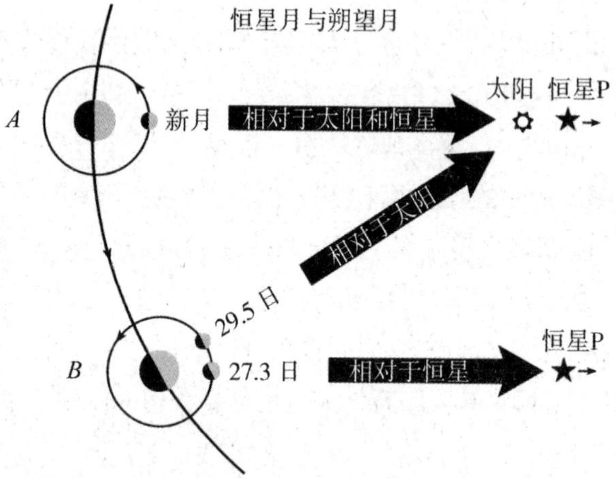

月球公转的另一个观测表象是，在同一地点月球升起的时间会逐日推迟，每天升起的时间会比前一天晚 50 多分钟，如果你在夜晚同一时段注意观察月球的天空位置，就不难发现月球天空位置会逐日向东移动，同时月球的形状还会逐日变化。

“眼见未必为实”，在天文学上有着多方面的表现，这就要求天文学家能透过想象寻求本质，而不被事物的表象所迷惑。

织女星将会成为北极星

晴夜天空，繁星闪烁不已，它们与太阳和月球一样，因地球自转而不断地东升西落。对北半球来说其中有一颗星与众不同，它的位置看上去似乎始终保持不动，这就是北极星。过去，人们常用北极星来确定夜间的方向(北方),其作用与指南针相似。

地球自转轴经无限延伸可与天球交于两点,分别称为“北天极”和“南天极”(合称“天极”),北极星就位于北天极附近,相距不到1°,或者说不到月球视直径的2倍,因而由地球自转引起的周日视运动(参见“眼见未必为实”)很不明显,肉眼难以察觉。现在的这颗北极星的中文名为“勾陈一”或“北辰”,西方叫“小熊座α”,距地球约400光年。为什么说是“现在的这颗北极星”呢?因为在遥远的将来小熊座α将不再是能指示北方的北极星。

问题得从陀螺说起。用手一拧,陀螺即会转起来,拧得越好,转的时间越长。一般情况下转轴不会严格与地平面相垂直,于是陀螺必然就有向某一侧倾倒的趋势。快速转动的陀螺在这种倾倒趋势的作用下并不会马上倒下,而是一边转一边摇摆着晃动,后一种运动称为“进动”。因为进动,陀螺转轴的指向绕着铅垂线缓慢地不断变化、晃动,直至转动停止进动也同时停止,而陀螺则随之倒下。

那么,地上的陀螺与天上的北极星又有什么关系呢?

原来,地球是一个在赤道地区稍有隆起的旋转椭球体,由于太阳和月球对赤道隆起部分的引力作用,地球一边自转,同时自转轴还会绕着黄道轴(与地球公转轨道面相垂直的轴线)不断晃动,这就是地球自转轴的进动。可见,地球的转动状态好比是一个超级大陀螺,它一边自转,同时自转轴的指向在缓慢地进动。这种进动在天穹上的表现是天极绕着黄极(黄道轴与天球的交点)转动。地球自转轴与黄道面的交角约为66° 33′,因而天极与黄极的角距离约为23° 27′。天极每经过25 800年绕黄极转动一周,运动形式犹如陀螺的“摆头”式晃动。

由于太阳系众多天体间的相互影响,地球自转轴的进动远比陀螺进动来得复杂,总的来看至少包含了长期性和周期性两种成分,其中的长期成分称为“岁差”，周期成分称为“章动”。太阳和月球引起的岁差称为“日月岁差”，行星的引力作用还会造成所谓行星岁差，但比日月岁差小得多。

公元前 2 世纪，古希腊天文学家喜帕恰斯把当时所测得的 1 000 多颗恒星的位置与 150 多年前的位置进行比较后，首先发现了岁差现象。在中国，公元 4 世纪的晋代天文学家虞喜也独立发现了岁差，他定出的岁差值与喜帕恰斯测得的结果相当吻合。据《宋史 · 律历志》记载：“虞喜云：‘尧时冬至日短星昴，今二千七百余年，乃东壁中，则知每岁渐差之所至。’”岁差一词即由此而来。可见，进动的含义较为宽泛，而岁差则专门指地球自转轴的进动。

有了上述基本概念，就不难理解未来的北极星为什么不会永远是恒星小熊座 α。

岁差使天极绕黄极转动，具体反映为天极会在群星间移动，因而最靠近北天极的较为明亮的恒星——北极星就不是固定不变的了，或者说不同时期必有不同的北极星。公元前 2750 年前后，恒星天龙座 α（中文名“右枢”）曾是北极星，而恒星小熊座 α 成为北极星只是近 1 000 年来的事。公元 1000 年，小熊座 α 距北天极达 6° 左右，比现在远得多；1940 年以来，它距北天极不足 1°，并以每年约 15″ 的速度向北天极靠拢，在公元 2100 年前后与北天极最为接近，两者之间仅相距 28′，小于月球的视直径。然后，小熊

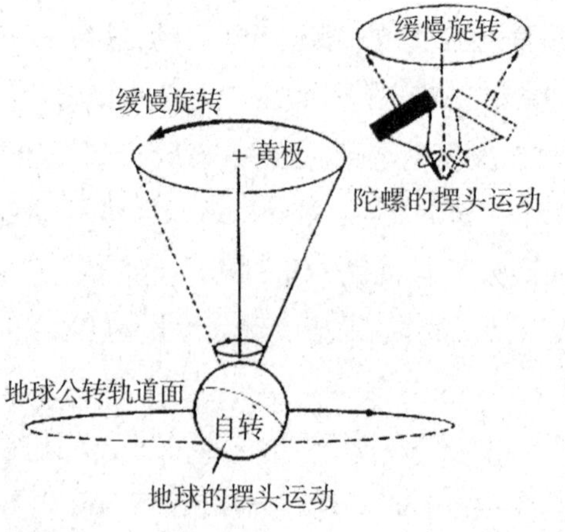

座α便渐而远离北天极。公元4000年前后，恒星仙王座γ将成为北极星，公元7000年和10000年的北极星分别为恒星仙王座α（中文名“天钩五”）和天鹅座α（中文名“天津四”）；公元14000年，亮星天琴座α（中文名“织女星”）将成为北极星，那时用明亮的织女星来定方向一定会比现在用小熊座α方便得多。一直要到公元28000年前后，恒星小熊座α才会再度成为地球人的北极星。

过去的一年曾有400多天

地球自转一周是为一天，它决定了昼夜变化的规律，以“天”为计量单位符合并支配了人类的生活和工作安排，人们通常是日出而作，日落而息，除非要值夜班。长期以来人们一直认为地球自转速率非常均匀，相当于一台高质量的计时器——钟，可以用来计量时间的均匀流逝过程。

在天文学上，这种以地球自转为基准的时间计量系统称为“平时”，为世界各国所采用，并约定英国格林尼治天文台旧址的地方平时为“世界时”。

20世纪以来，随着技术进步和观测精度的提高，人们发现并确认地球自转速率并不严格均匀，一天的长度（日长）并非恒定不变，而是有很微小的变化。当然，这种变化对人们的生活、社会活动和工作安排实际上毫无影响，任何人都不可能觉察到。尽管如此，地球自转速率不均匀这一重要发现，无疑动摇了以地球自转作为时间计量基准的传统观念，对“平时”用于计量时间间隔的权威性提出了挑战。

地球自转速率的变化情况相当复杂,大体上可包含 3 种不同的成分,即长期变慢、周期变化和不规则变化。

地球自转长期减慢所引起的累积效应是,使日长在每 100 年内增长 1 ～ 2 毫秒(1 毫秒 = 0.001 秒),2 000 年来的累积效应使以地球自转周期为基准所计量的时间慢了 2 个多小时。利用太阳、月球和行星的有关观测资料,通过对古代长期日月食记载的分析,以及对古珊瑚化石的细致分析,可以得出古地质时期地球自转的情况。此类研究表明,6 亿多年前地球上的一年大约有 424 天。考虑到地球公转周期(即回归年长度,1 回归年 = 365.242 2 天) 远比地球自转来得稳定,可推知当时的地球自转速率应当比现在来得快。如在 3.7 亿年前 1 年约有 400 天,2.8 亿年前为 390 天,等等。通常认为引起地球自转长期减慢的主要原因可能是月球对地球的潮汐摩擦作用,以及地球内部各圈层间的耦合、物质分布的变动等因素所造成的影响。

地球自转速率的周期性变化又包含多种成分。20 世纪 30 年代发现了地球自转速率的季节性变化,或称年变化:自转速率在春季变得较慢,秋季变得较快,变化的幅度为 20 ～ 30 毫秒,主要原因是风的大范围季节性变化。另一种周期性变化是半年变化,幅度约为 9 毫秒,主要由太阳的潮汐作用引起。此外,还有一些更短周期的变化,幅度仅为 1 毫秒左右。

最后,所谓“不规则变化”,是指地球自转速率除了上述两类变化外,有时会转得相对快一些,有时又会转得相对慢一些,但并无确定的变化规律。这种不规则变化大致有 3 种情况:在几十年或更长时间段内,每年相对变化不到 $\pm 5 \times 10^{-10}$;在几年到十年时间段内,每年相对变化不超过 $\pm 8 \times 10^{-9}$;在几星期到几个月时间段内,每年相对变化不到 $\pm 5 \times 10^{-8}$。可见,比较而言最后一种短时标的变化较为显著。地球自转速率不规则变化的起因尚不很清楚，可能是地核和地幔之间的耦合作用。

地球自转速率变化的客观存在，说明“地球钟”走动得还不够均匀。平时系统中1秒的定义是日长的1/86 400，既然日长并非恒定不变，那么如此定义的“秒长”也就不够严格了。为克服这一缺陷，国际天文学联合会于1958年决定，从1960年起采用历书时来取代世界时。而所谓历书时是以地球公转运动周期回归年为基准的时间系统，定义回归年长度的1/31 556 925.974 7为1秒，称为“历书秒”，而86 400历书秒为1天。1967年，国际计量委员会进一步决定，以更为均匀的原子时来代替历书时。在原子时系统中，1秒的长度定义为一种特定铯原子跃迁所产生的电磁波辐射振荡周期之9 192 361 770倍，称为“国际单位制秒”。

由此可见，平时系统中是先定义日长，然后确定秒长，并引出1年所包含的天数。对于历书时系统来说，是先确定1年的长度，然后定义秒长，并引出日长。最后，在原子时系统中，是先定义秒长，然后再确认日长。

弯月的学问

月球，亦称月亮，它自身并不发光，只是因反射太阳光而被人们看到。所以，从地球上看，我们永远只能看到被阳光照亮的半个月球，不妨记这半个球面为A。但是，半球面A并非永远正对地球，随着月球绕地球公转，半球面A通常只有或大或小的一部分朝向地球，于是地球上便可看到月球形状的圆缺变化，这就是月相。在农历十五或者十六(称为“望”) A 正对地球，于是在晴夜人们见到一轮明月；相反，在农历初一(称为“朔”)，整个半球面 A 处于地球的影子中，便完全看不到月球。

既然月球因反射太阳光而发光，那么当它以蛾眉月形态出现时，无论太阳是否没入地平线，蛾眉月必然以它的凸边朝向太阳所在位置。具体来说，傍晚时分的蛾眉月之凸边总是朝着西方偏下，而对于黎明前的蛾眉月来说，它的凸边一定朝向东方偏下。有时白天亦能看到一弯纤细的蛾眉月，它的凸边也必然朝着太阳。

如果你留意的话，也许会发现在少数画面或者戏剧布景上，黑暗天空中蛾眉月凸边的朝向偏向了上方，从观赏角度来看其艺术效果也许比偏向下方更好些，然而这种情况是绝不会出现的，因为晚上太阳已位于地平线之下，蛾眉月凸边绝不可能朝上。要是你爱好绘画，这一点可千万要注意了。

农历月初，比如初三、初四等日的晴夜，太阳没入地平线后不久便可看到一弯明月挂在天际。如身处视野开阔、无灯光污染的郊外，那么只要仔细观察就可以发现，在明亮弯月的凹边一侧还有与弯月相伴的浅淡光辉，并与弯月组成一个完整的圆面。这种现象称为“灰光”。那么，既然灰光所在的月面部分未被阳光照到，这浅色光辉又是怎么来的呢？

蛾眉月与月球灰光

原来，阳光同样会照到地球，而地球周围有厚厚的一层大气，大气层会反射太阳光，其中有一部分反射光到达月球，并再次被月球表面反射后返回地球，经两次反射后的太阳光便是地球上所看到的灰光。与此不同，如果宇航员在月球上看到了蛾眉月状的地球，地球灰光是很难看到的，因为月球表面的反射率远不如地球大气，月球表面积也要比地球小得多。

类似的灰光现象在农历月末（如二十五、二十六等）也不难看到。不过，那些日子的月球要在后半夜才会从东方升起。

不管月球形状如何，或者灰光现象是否能看到，月球圆形的月面总是客观存在的。因此，即使月球只呈现为纤细的蛾眉月，大部分月面看不到，但在圆形月面的范围内绝不会出现星星，无论恒星还是行星都不可能，除非有一颗小行星运动到地球和月球之间。因为月球距离地球最近，它会把远方的星光挡去。如果你喜欢通过想象描画星空场景，那么一定不可在蛾眉月凸边弧线所包含的圆圈范围内画上一颗星。

日月星星在人们的心目中从来就有着崇高的地位，许多国家的国旗图案都会标示太阳、月球或者数目不等的五角星或多角星，如日本国旗俗称太阳旗——白色背景上的一个红色大太阳，巴基斯坦等国的国旗上标示了月球和星星，而中国国旗上则有 5 颗黄色五角星。只要仔细观察就可发现，在一些标有月球和星星的国旗上，从天文学角度来看月球和星星的相对位置并不正确：星星大多位于蛾眉月凸面弧线所包含的圆圈范围之内，只有土耳其的国旗似乎注意到了这一点。

国旗图案上常见的另一个“天文错误”是蛾眉月凹边弧线的形状。理论上说蛾眉月凸边弧线是一段圆弧，而凹边弧线应该是一段椭圆弧，不可能也是圆弧。然而，在不少国旗图案上却把蛾眉月凹边也设计成了圆弧。一轮“弯月”，且凸边和凹边都呈现为圆弧的天象是有的，那就是日偏食阶段的太阳。因为此时的“蛾眉日”之凸边是太阳圆面的一部分，而凹边则是月球圆面的一部分，两者都是圆弧。可见，尽管日偏食阶段的太阳形状粗看很像蛾眉月，但细看则略有不同。

当然，只要把国旗图案理解为一种表示具有某种含义的艺术设计，那么也就不存在“天文错误”一说了。

你是否觉得一轮弯月所包含的学问看来还真不少呢？

时大时小的月球

媒体上时而会看到这样一类的报道：“明天晚上能看到 ×× 年以来最大的月亮”。那么，这是真的吗？答案是肯定的，尽管月球本身大小是不会改变的，不过看上去会显得有时大、有时小，原因与月球的运动有关。

月球是地球的天然卫星，半径 1 740 千米左右，略大于地球半径的四分之一，到地球的平均距离约为 384 400 千米。由上面两个数字可以算出，从地心来看月球直径的角大小为 31.12′，也就是 0.52°。这里，所谓“直径的角大小”是指直径两端视线方向间的夹角，亦可称“视直径”，它以角度单位度、分、秒为单位，而不是指月球直径实际长度。对于同一个球体，距离越近，视直径越大，看上去也就越大；另外，在同样的距离上，球体越大，视直径也越大。月球的视直径不难通过实测来加以确定。

当然，人是不可能在地球中心去观测月球的，人们通常只是在地面上看月球，于是月球视直径的大小问题就变得比较复杂。当月球刚从某观测者的地平线上升起之时，月球到观测者的距离平均值大致是384 400千米，即它的视直径为31.12′。当月球位于该观测者的头顶方向（即天顶）时，月地距离为384 400 − 6 400 = 378 000千米，于是可推知此时月球的视直径为31.65′。这就是通常说月球视直径约为0.5°的道理所在。两种情况下月球到观测者的距离之差就是地球半径6 400千米，而由此影响到月球视直径相差0.53′（或者说相差不到2%），这么小的差别凭人的肉眼是判断不出的。也许有人会说，月球刚从地平线上升起时看起来显得比较大，与上面的简单计算结果恰好相反，不过实测表明这只是人在视觉上的一种错觉。同一天内月球高度与视直径的关系，是影响月球视直径大小的第一个因素。

看上去月球时大时小的变化还不止于此。从上述简单讨论可推知，对于同一观测者来说，月球升得越高，它到观测者的距离越近，它的视直径就越大，具体变化情况可以通过相应的天文计算来严格加以确认。

就同一观测者而言，不同日期月球可达到的最大高度是不同的。在北半球，冬季月球可以升得比较高，其中尤以冬至日（12月22日前后）升得最高；相反，夏季月球升得较低，且以夏至日（6月22日前后）升得最低。相应地，在一年中冬季的月球在升得最高时会比夏季的月球看上去大一些，其中以冬至日前后的月球为最大。不同日期是影响月球视直径大小的第二个因素。

对于月球视直径大小的变化来说，上述两方面原因还不是主要因素，主要因素乃是不同时间月球中心到地球中心距离（称为“地月距离”）的变化。

月球绕地球公转，但公转轨道并不是圆，而是一个椭圆，这个椭圆还相当扁。对于圆来说，不存在形状的问题，它的大小可以用一个参数，即圆半径来表述。椭圆则需要用 2 个参数，也就是半长径 a 和半短径 b 来表述，它们共同反映了椭圆的大小和形状。称 $e=\sqrt{a^2-b^2}/a$ 为椭圆的偏心率，它反映了椭圆扁的程度，e 越大，看上去椭圆显得越扁。月球公转轨道的偏心率平均值为 0.055，它距地球最近即位于近地点时的地月距离平均值为 363 300 千米，而距地球最远即位于远地点时的地月距离平均值为 405 500 千米，两者相差 42 200 千米。这就是影响月球视直径大小的第三个因素。显然，42 200 千米差异对月球视直径的影响，要远远大于上述第一个因素中由地球半径 6 400 千米引起的月球视直径的变化。

现在以月球位于观测者天顶时为例来做一些讨论。月球位于近地点时，月球到地面观测者的距离约为 363 300 − 6 400 = 356 900 千米，相应的月球的视直径为 33.52′；月球位于远地点时，月球到地面观测者的距离约为 405 500 − 6 400 = 399 100 千米，月球视直径约为 29.50′，两种情况相差 4.02′（或者说相差 13%），远大于第一个因素引起的月球视直径相对变化 1.7%。不过，因为上述两种情况发生在相隔很长时间的两个不同日期，这种差异凭肉眼和记忆自然还是很难觉察出来的，必须通过实测或拍照后进行比较才能发现。

躲躲闪闪的月球背面

1959 年 10 月 4 日，苏联发射“月球”3 号探测器，并成功绕到月球的背面，拍摄到了历史性的第一张月球背面照片，人们才第一次得以知晓月球背面的大致地貌，其神秘面纱终于被揿开。

为什么在 1959 年 10 月 4 日之前月球背面被冠以“神秘”二字呢？道理很简单，这是因为月球始终以同一面朝向地球。为什么月球始终以同一半球面对着地球，而把另外半个球面“藏”了起来呢？所谓“月球背面”从地球上真的一点都看不到吗？这就要涉及月球的一些运动特征。

月球一面自转，同时又绕着地球公转。月球公转周期为 27.3217 日，称为“恒星月”，而月球自转周期也恰好等于恒星月的长度。两种运动的合成效应是，月球会始终以同一面朝着地球。因此，在人造飞行器到达月球背面之前，人们对它可谓是一无所知，从地球上永远看不到月球的背面。

不过，实际情况远非如此简单。由于各种各样的因素，月球并不是严格地始终保持以同一半球面对着地球，在地球上的不同地点和不同时间，综合起来可以看到月球整个表面的 59%，而不是恰好为 50%。在这 59% 月球表面中，41% 是地球人在任何时候都能看到的，余下的 18% 在某一时刻只能看到其中的一半，即 9%，且在不同时刻这 9% 部分是不同的。始终能看到的 41%，加上不同时间可以看到的另外 9%，便是在某一时刻人们实际能看到的 50%，即半个月球面。造成这一结果的原因称为“月球天平动”。

地月平均距离约为 38.4 万千米，地球的直径约有 1.27 万千米，在地月系统范围内地球可算是相当大的。因此，从地球上不同的位置，或者在同一位置上的不同时间，所看到的月球圆面并非完全相同。这一现象称为“视差天平动”（对不同位置），或“周日天平动”（对不同时间）。早在 17 世纪意大利科学家伽利略在绘制月面图时便已注意到这一现象：与月球位于正南方天空中最高点时的情况相比，月出（月没）时可以多看到月球东（西）边缘外侧大约 1° 的区域。

月球绕地球的公转轨道平面称为“白道面”，它与地球公转轨道面(黄道面)并不重合,而是相交5° 9′角;白道面与月球赤道面相交成6° 41′角,两者也不重合。月球运动到白道面最北点时,地球上可看到比较多的月球南极区域,北极区可见部分相应减少。相反,当月球到达白道面最南点时,地球上能看到比较多的月球北极区域,但南极区可见部分则相应减少。这一现象称为月球的"纬天平动",其观测表象是使月球南、北极区域朝着地球的"点头式"前后摆动,范围最大可达 ±6° 41′左右。

尽管月球的自转周期和公转周期严格相等,但在一个月内的不同时刻两者却并不始终保持"步调一致",原因在于月球自转非常均匀,但公转速度却并不均匀。

开普勒的行星运动第二定律指出,在相等的时间段内,行星—太阳连线(称为"行星向径")扫过的面积相等。由于行星公转轨道为椭圆,即向径长度随时间而变化,故在不同时间行星的公转运动速度是不同的。上述定律同样适用于卫星(如月球)绕母行星(如地球)的公转运动规律。因此,月球绕地球的公转速度在轨道近地点附近最快,在远地点附近最慢。这样一来,在从近地点运动到远地点的半个周期内,月球的西边缘区域会较多地朝向地球,而在另半个周期内,月球东边缘区域会较多地朝向地球。这一现象称为月球的"经天平动"。经天平动相当于月球东、西边缘朝着地球来回周期性晃动,晃动的最大幅度约为 ±7° 45′。

以上3种天平动合称"光学天平动",也称"视天平动"。光学天平动是月球天平动的主要成分,但它只是一种观测效应,而不是月球本体的真实摆动。实际上,由于月球并不是一个物质均匀分布的圆球,它确实会绕质心摆动,这种真实摆动称为月球的"物理天平动",但只占月球天平动中很小一部分。各种天平动的合成效应,使得地球人可以看到月球整个表面的59%,而不是50%。

月球可能是撞出来的

月球是地球唯一的天然卫星，月球的自转和公转方向与地球相同，月球公转轨道（白道）的偏心率很小，白道面与地球公转轨道面（黄道面）的倾角平均约为5° 9′。作为地球的近邻，月球是除太阳之外人们研究得最多的天体，它的起源问题很早就受到科学家们的关注，并从理论上提出了多种月球起源学说，如同源说、俘获说、分裂说和大碰撞说等。

最早提出的理论应推同源说。这种学说认为，地球和月球是由同一块行星际尘埃云演化而成的，云块的大部分物质形成了地球，少部分物质便形成月球。在时间次序上是地球形成在先，且以铁为核心；月球形成于后，由残留在地球周围的物质聚集而成，以非金属成分为主。因此，月球和地球的物质之平均密度和化学成分有所不同。

瑞典天文学家阿尔文于1942年提出俘获说。其基本思想是，月球和地球最初形成于太阳系中不同的地方，因一次偶然机会，月球运行到地球附近并为地球引力所俘获而无法脱离地球，于是成为绕地球转动的卫星。有观点认为这一事件大约发生在距今35亿年前，俘获过程历时5亿年左右。这种学说能较好说明地球和月球在物质组成上的差异。不过，尽管有些行星的小卫星很可能是通过类似过程俘获来的，但月球质量达地球的1/81.3，在太阳系卫星／行星质量比排行榜中高居首位，地球要俘获如此大质量的月球的可能性实在是太小了。

分裂说最早出现于1880年前后，创始人是英国著名博物学家达尔文的次子乔治·达尔文。后来，一些学者结合地质学、古生物学、月质学以及月球的演化情况，对分裂说作了进一步发展。近代分裂说指出，月球是在地球形成后约1亿年时(即距今约45亿年前)从原始地球的地幔部分中分离出去的。当时，地球物质尚处于一种熔融状态，且自转得很快，使原始地球的赤道地区隆起、拉长，长时间效应使地球成为在某一端处向外凸出的梨状体。最终，突出部分逐渐增大并在与地球本体相连接的细颈位置处断开，进而从地球分离出去并形成原始月球。此后，月球逐渐远离地球，经过约45亿年的漫长时光最终到达目前的位置。

分裂说认为月球是在地核形成后从地幔部分分离出去的，能较好地阐释月球物质的平均密度和化学组成与地球的地幔部分相近，而与地球的总体情况迥异。然而，理论研究表明，当时地球的自转速度绝不可能使其分离出像月球那么大的一团物质。还有，要是月球确是从地球上分离出去，那么月球绕地球的公转轨道面应该位于地球的赤道面附近，但事实并非如此，这一点对分裂说非常不利。

为了解决用上述几种学说来解释观测事实时所面临的一些关键性难点，1975年两位美国科学家哈特曼和戴维斯提出了关于月球起源的另一种理论，即大碰撞说，其中引入了月球起源的撞击机制。大碰撞说认为，在太阳系行星形成之初，行星际空间中还游荡着大小不等的所谓“星子”，一颗直径为地球1/3～1/2的“大块头”星子，在运动过程中与原始地球猛烈相撞。由于撞击的方向明显偏离地球中心，使本来与地球公转轨道面相垂直的地球自转轴发生倾斜，同时生成大量碎片。这一事件所撞出的地球物质未能摆脱地球引力的束缚，它们绕着地球运转并互相碰撞、吸积或者并合，最终诞生了一个绕地球转动的相当大的卫星，也就是月球。上述过程与太阳系行星的形成机制相类似，只是事件涉及的尺度比较小。

月球的大碰撞起源说可以较为合理地解释地—月系统的一些重要观测特征，如地球自转轴对黄道面的倾斜，月球公转轨道面与地球赤道面不重合，月球物质的平均密度明显比地球的低，地球有一个巨大的铁质地核而月球却没有，等等。有人还通过理论计算进一步说明，发生如此大规模的碰撞灾变是有可能的。因此，大碰撞说得到学术界较为广泛的支持，有人称之为是“最好的学说”，成为目前解释月球起源的主流假说。

药剂师的重要发现

从诞生以来大约 50 亿年内，太阳稳定地发出光和热，而且能在下一个 50 亿年内保持这种状态基本不变。然而，稳定是相对的，不稳定是绝对的，太阳整体上稳定，局部区域则表现出剧烈的不稳定。对太阳活动性变化的探究经历了不寻常的过程。

太阳表面时而会出现一些大小不一的小暗斑，这就是太阳黑子。其实黑子并不黑，只是因黑子中央温度要比周围太阳光球的温度低 1 000℃以上，在明亮光球的反衬之下才显现为暗黑色，事实上一个大黑子能发出满月那么多的光。

历史上看，中国有世界上最早的黑子记录，如《淮南子 · 精神训》就有“日中有踆乌”的记载；1972 年长沙马王堆一号汉墓中出土的帛画上方画着一轮红日，中间蹲有一只乌鸦，可算是对太阳黑子现象的艺术描述。《汉书 · 五行志》更是较为详细地记录了 2 000 多年前太阳大黑子出现的情况：成帝河平元年“三月乙未，日出黄，有黑气大如钱，居日中央”，经考证这是公元前28年5月10日的黑子记载(据考证，日期“乙未”应为“己未”)，也是中国史书中首条明确的黑子记录。

自伽利略在1610年首次观测到黑子之后的200多年内，无人注意到黑子出现有何规律性，只知道黑子大多成群出现，这就是黑子群，每个黑子群可包含几个到几十个黑子，最多可超过100个。

1826年，德国业余天文爱好者、药剂师施瓦贝开始用小望远镜观测太阳，目的是试图确认是否存在有争议的水内行星——“火神星”。经长时间观测后他发现，太阳表面除黑子外什么也没有。于是，施瓦贝这位有心人改而专注对太阳黑子的观测，并坚持了17年之久。尽管他最终没有找到“火神星”，但却发现了太阳黑子数的盛衰大约有10年的变化周期，这就是太阳活动周。不过，因为施瓦贝当时的职业是药剂师，一时竟无人相信他的结果，他甚至连论文也无从发表。直到再继续坚持观测了10多年，进一步证实了这一周期性的客观存在后，施瓦贝这一重大发现才为天文界所公认。施瓦贝的经历充分说明了科学精神的重要性，如果没有持之以恒、不断探索的科学精神，他就不可能做出如此重要的发现。

现在知道，黑子活动的平均周期约为11.1年，称为“11年太阳活动周”。“平均周期”也就是准周期，并不是数学意义上的周期。太阳黑子活动确有周期性，但周期长度却是有变化的，最短的约为9年，最长则超过13年，变动幅度相当大。国际上约定从1755年起的太阳活动周为第1活动周，而目前处于第24活动周。

在一太阳活动周内，太阳表面的黑子从无到有，从少到多，直至黑子数最多的“峰年”；之后黑子数逐渐减少，直到最终消失不见。这种周期性变化的规律性不仅表现为黑子的盛衰，而且还反映在黑子出现的日面位置。在一太阳活动周内，黑子总是首先出现在日面南、北纬度35°附近。随着黑子数的增加，黑子出现位置逐渐靠近太阳赤道。当活动周接近尾声时，所有黑子都已位于日面纬度5°的地方，并随之消失。如以时间为横坐标，以相应年份黑子群的平均日面纬度（类似于地球上的纬度）为纵坐标作图，便可发现不同年份黑子群的分布犹如一群整齐排列的蝴蝶，每11年太阳活动周内对应一个“蝴蝶”。

小暗斑状的黑子显得很不起眼，实际上却是一些庞然大物。太阳的直径约为140万千米，小黑子的尺度约为1 000千米，大黑子更可达20万千米之巨，其内放进几十个地球绰绰有余！一个充分发展的大黑子，往往由中心区较暗的“本影”和外围相对较亮的“半影”构成，中央部分可下凹约500千米，故其三维形状如浅碟。

黑子的出现与太阳磁场有关，成对出现的前后两个黑子总是具有相反的磁极，且太阳南北半球黑子对的前后极性始终相反。不仅如此，在相邻两个太阳活动周内，南北半球黑子对的极性必然互相交替，这就是太阳活动的22年周期，又称为“磁周”。

有人认为太阳黑子还存在80年的活动周期，以及短于1年的周期，不过此类周期的确认需要更详细或更长期的黑子观测资料。

难以觉察的半影月食

天象中的“食”者，即“蚀”也，故日食、月食亦可称“日蚀”“月蚀”，分别对应于日面、月面被月球或地影全部或部分遮去而不可见，其中全部遮去为全食，部分遮去为偏食，对日食则还有环食。

日食和月食是地球人可以看到的两种不常见天象，它们的出现取决于地球、月球和太阳的相对位置。今天，根据牛顿引力理论，天文学家可以对各类日食、月食的发生时间和地点作出非常精确的长期预报，其水平之高是地震预报、天气预报完全不能相比的。

日食可分为全食、环食和偏食三类，少数情况下在一次日食期间部分地区可见日全食，不同时间段另一些地方则可见日环食，这样一次日食称为“全环食”。对于整个地球来说，尽管每年可发生 2 ～ 5 次日食，但发生时只有月球影子扫过的地面区域(食带) 中的人才能观测到。通常，全食带宽度不超过 300 千米，环食带宽度小于 400 千米，故对某个确定地点而言，日全食和日环食非常罕见，平均每隔 300 ～ 400 年才能看到一次。

月食也可分为三类，分别是月全食、月偏食和半影月食。如不计半影月食，一年内月食最多 3 次，最少 0 次；如计半影月食，则最多为 5 次，最少有 2 次。就整个地球而言，尽管日食发生的次数要比月食多，但一旦月食发生，近半个地球上的人都可以看到，所以对一个确定地点来说，看到月食的机会要比看到日食多得多。

那么，为什么月食与日食的分类并不一致？什么是半影月食？半影月食又为什么往往不列入月食预报的内容呢？

原来，尽管日月食的发生都与“影子”有关，一个是月影，一个是地影，但日食的出现是因为月影触及地球表面，而月食的出现是因为月球进入地影，两者成因并不完全相同。月食没有环食现象，而日食不会出现半影食。

一次月食中，整个月球都进入地球本影范围的时段为月全食，只有部分月球进入地球本影的时段为月偏食，而整个月球都位于地球半影区但尚未触及地球本影的阶段称为“半影月食”或“半影食”。由此,对于一次典型的月食过程来说,依次出现的月食天象是半影食—偏食—全食—偏食—半影食,共5个阶段。如果月食全过程中月球始终没有触及地球本影,那就是一次“纯”半影食,上面提到的不列入预报的正是此类月食。

从天文学上来说,当月球边缘刚切入地影中的半影之际,月食过程就算开始了,所谓半影也就是地影之暗淡的外圈部分。不过,这一事件用肉眼(包括通过望远镜来看)是很难观测到的,原因在于半影区外圈的明暗程度差异极小,此时月球表面还能接受到相当多的太阳光,从地球上看,不仅圆月未见缺损,而且月光亮度亦未明显变暗。这种状态一直要持续到月球前进方向边缘(称为“前导边缘”)深入地球半影区范围的一半左右时,肉眼才能觉察到原本明亮的月光开始有所变暗。再过几分钟,随着月球进一步向地影更深处移动,月食半影阶段的表象就会明显得多了。一旦月球触及地球本影区,偏食阶段开始,月球圆面边缘出现缺损。经过偏

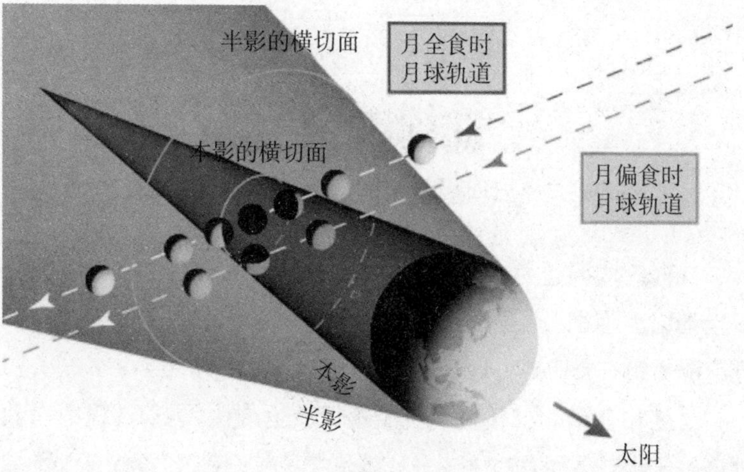

食—全食—偏食阶段后，半影食再度出现，通常爱好者们不再予以关注，事实上也无法通过肉眼观察确知半影食（亦即整个月食过程）何时结束。

除了上面提到的内容和天象景色外，月食与日食还有两点不同。其一，对月食来说，可见区内所有的人能观测到的月食过程及其各个阶段是同步发生的——同一时刻所有的人都会看到同样的月食食象，正可谓“海上生明月，天涯共此时”。在日食出现时，食带中不同观测地点所看到日食过程及其各个阶段不是同时发生的，具体食象也各不相同。其二，对一次月食而言，如果是全食，地球上只要能看到月食的地方，所有人看到的都是月全食景象；如果是偏食（或半影食），则所有人都能看到月偏食（或半影食）。日食的情况不同，对一次中心食（即日全食或日环食）来说，有的地方可以看到日全食（或日环食），有的地方只能看到日偏食；如果是全环食，则不同地方能看到日全食、日环食或日偏食。

现在，你是否对日月食，特别是月食有了更多的认识呢？

“迷你型”日食

日食的成因是月球运动到地球和太阳之间，并把全部或部分太阳光挡去。那么，还有什么天体会跑到地球与太阳之间呢？它们也会造成另类日食吗？

水星和金星的公转轨道位于地球轨道内侧，运动过程中它们有时会处于地球和太阳之间，一旦满足“三点一直线”条件时，行星当然也会把太阳光挡去一部分。这也算是一种日食吗？

水星和金星的直径分别为 4 880 千米和 12 100 千米，都比月球大。但它们到地球的距离比月球的远得多，从地球上看它们要比月球小得多，在最接近地球时它们的视直径分别为 0.18′和 0.99′，远小于太阳的视直径 31′。当水星或金星运动到地球与太阳之间，且满足“三点一直线”条件时，地球上只能看到一个小黑点在太阳明亮圆面上缓慢移动，对太阳亮度并无影响。此类天象与日食大不一样，不宜称为日食，而命名为“凌日”。“凌”有“侵犯、侵入”之意，“凌日”即指“入侵太阳”，可见这一取名非常确切。非地内行星不会造成凌日现象，故只有水星凌日和金星凌日两种。

与日月食的出现一样，凌日出现也很有规律，水星凌日必发生在 11 月 18 日或 5 月 8 日前后，每 100 年平均有 13 次，其中发生在 11 月的有 9 次，发生在 5 月的有 4 次，可见水星凌日发生的机会还不算太少。

金星离太阳比水星来得远，凌日出现的机会要比水星少得多。金星凌日必发生在 6 月 7 日或 12 月 9 日前后，其中 6 月 7 日前后的凌日机会略多一些。一般情况下，两次凌日之间的间隔为 8 年、105.5 年、8 年、121.5 年，依此类推，这就是 243 年周期，是金星凌日最基本和最稳定的周期。在 243 年中，可发生 5 次金星凌日。

17 世纪，开普勒在日心说基础上首次预言 1631 年将发生金星凌日，但因在欧洲看不到，故无人目击这一天象，开普勒本人也没有能预测到相隔 8 年后的 1639 年金星凌日会再度出现。

地球人第一次通过望远镜看到金星凌日正是 1639 年，英国人霍罗克斯对此作了预报。尽管他从未接受过正规天文教育，但他凭借对天文学的热爱和执着追求的精神，通过对金星、太阳和其他行星坚持多年的观测并寻求其规律性，准确地预测 1639 年 12 月 4 日（如按当时英国所采用的儒略历，则为 11 月 24 日）将会发生金星凌日，而且他观测到了金星在太阳圆面上缓慢经过的全过程，从而成为有史以来正确预报并成功观测到金星凌日的第一人。

1677 年英国天文学家哈雷在观测水星凌日后意识到，可借助金星凌日来测量日地距离，并对 1761 年的金星凌日作了预报。是年 6 月 6 日，天文学家根据他的预报奔赴合适地点观测金星凌日，不仅印证了哈雷生前的预言，并首次较准确地测得地球到太阳的距离。

1769 年 6 月 3 日的金星凌日只能在太平洋和北美西部可见。共有 151 名观测者在 77 个点上进行了观测，并有众多爱好者参与，其中库克船长在南太平洋的塔希提岛观测到了这一罕见天象，所有观测都非常成功。100 多年后，19 世纪内共发生 2 次金星凌日，分别是 1874 年 12 月 9 日和 1882 年 12 月 6 日，美国国会各拨款 17.5 万美元和 8.5 万美元用于观测活动。在接下来的整个 20 世纪内，没有发生金星凌日。

进入 21 世纪后，在 2004 年 6 月 8 日下午，中国天文学家和爱好者们首次观测到了金星凌日天象，并为之兴奋不已，而这距上一次 1882 年的金星凌日已逾 105 年。

最近一次金星凌日发生在 2012 年 6 月 6 日。对于中国来说，凌日发生在当天上午，全程历时 6 小时 39 分，包括上海、北京在内的中国大部分地区皆观测到凌日全过程。

再往后的几次金星凌日将依次发生在 2117 年 12 月 11 日、2125 年 12 月 8—9 日、2247 年 6 月 11 日、2255 年 6 月 9 日。天文学家可以对日月食、金星凌日等天象作出 1 000 年甚至更长时间的准确预报，这就是科学。

恐龙灭绝与地球灾变

谈起恐龙，连 3 岁小孩都知道，说不定他们还会拿出一堆恐龙玩具来给你瞧瞧。恐龙最初出现在大约 2.45 亿年前，这些庞然大物在地球上称王称霸，不可一世地生活了 1.8 亿年左右，却于大约 6 500 万年前在短时间内很快销声匿迹，它们没有后裔，现代人看到的只有化石。

恐龙灭绝事件引起了科学家们的广泛兴趣，人们提出各种不同的观点试图解释事件的起因，其中获得最广泛支持的是小天体撞击地球说。该学说认为，大约 6 500 万年前，一颗直径约 10 千米的小天体以 40 千米每秒的速度撞击地球，所释放的能量相当于 160 万亿吨 TNT 炸药，或者说抵得上 80 亿颗广岛原子弹的威力！无论是撞上陆地还是击中海洋，其威力之大会使整个地球上原有的生物和地质环境遭到毁灭性的破坏，造成全球性灾变的严重后果。

陆地撞击的效应主要表现为全球平均风速高达 1 500 千米每小时，大气平均温度升高到 43℃。撞击坑穴的直径约 200 千米，同时抛出约 10 万立方千米的细尘物质，并很快传播到全球各地，形成厚厚的空中尘埃幕布，使阳光无法到达地面。于是，植物因无法进行光合作用大量死亡，并威胁到动物的生存，恐龙那样的大型动物必首当其冲(部分小动物也许会留存下来)。高温抛出物将臭氧层破坏殆尽，一旦尘埃幕布消失，地球表面便直接裸露在太阳紫外线的暴晒之下，其强度对生物无疑是致命的。

直径10千米小天体一旦高速冲入海洋，可在海底生成直径500～1 000千米的巨坑。出事地附近超级巨浪高达数千米，1 000千米外地方的浪高仍能达500米。巨浪向四周迅速扩展，到达大陆架或浅海区域时浪高可增大10倍，由此形成的超级海啸会荡平陆地上的一切。同时，缓慢进行中的大陆漂移会因猛烈撞击而受到极大扰动，引起大幅度剧烈的板块运动，地壳会出现几十千米宽的超大裂缝，全球火山普遍爆发。当各种剧烈活动重新平息下来之时，地球表面的生存环境和物理环境已面目全非。

古生物学研究表明，地球生命的发展并不始终是一种平稳、渐变式的演变，化石记录揭示了在这一过程中会不时穿插一些短时标事件。在这类事件中，大量生物物种几乎在同一时段内突然消失，尔后又诞生出一些新物种。用小天体撞击事件来解释此类生物大规模灭绝颇为自然。在过去的几亿年内，这种撞击可能发生过6～7次，同一时期内也出现了同样数目的全球性生物灭绝事件，其中包括恐龙灭绝。

推测是否合理，要用事实来说话。自1980年以来，地质学家们一直在地球上到处奔波，试图找到直径200千米左右的陨击坑，以证明曾经发生过的小天体撞击事件。然而，要在5亿平方千米地球表面上找到一个直径200千米的陨击坑谈何容易，何况这个古老坑穴很可能因长期风化作用而被抹平，或深埋在冲积层之下，或已因地壳运动而支离破碎，或因撞击发生在海洋而更难以发现。

功夫不负有心人。人们终于探测到在墨西哥尤卡坦半岛北部的地下深埋着一个直径180千米的巨大环形地貌，其中心位于奇克苏鲁布（Chicxulub）。人造卫星也发现这一地区存在由大型灰岩坑组成的一个近乎完整的半圆形结构，直径约170千米，中心就位于奇克苏鲁布。1990年，考察人员在该地区发现了含有玻璃陨体和冲击石英颗粒的岩石碎片，而这类物质只有在由猛烈撞击作用造成的高温、高压条件下才能形成。还有，陨击坑的地质年龄与恐龙灭绝的时间相符，看来灾变说取得了实证。

奇克苏鲁布陨击坑似乎不是一个孤立事件，地球上还发现年龄与奇克苏鲁布陨击坑相近的另外两个陨击坑：一个在美国艾奥瓦州，直径约35千米；一个在西伯利亚中北部，直径约100千米。这三个陨击坑差不多在同一时期形成，很可能当时曾有一颗大的彗星因某种原因分裂，它的碎片闯入了地球，在形成三个陨击坑的同时，给地球造成了全球性的生物灭绝，恐龙在经历这一事件后就很快消失了。

地球的灭顶之灾

地球已有46亿年左右的高寿了，它还会这样一直“活”下去吗？既然新陈代谢是自然界不可抗拒的规律，由此推理地球也应有“寿终正寝”之日。

19世纪法国的一幅漫画描述了大彗星撞击并撕裂地球的可怕场景。地球是否有朝一日真的会遭此厄运?

这种可能性实际上不存在。大彗星的质量充其量也就是10^{16}吨,仅约为地球质量(6×10^{21}吨)的60万分之一。彗星物质结构相当松散,密度与水差不多,即使以几十千米每秒的速度正面撞击地球,也不可能把地球这个庞然大物撞得四分五裂。尽管对包括人类在内的所有生物来说这绝对是致命一击,地球也会变得面目全非,但它仍然会存在下去。

地球自身有一天会爆炸吗?从诞生以来的数十亿年演化和目前内部物质成分与结构来看,地球是很稳定的,不存在任何会导致地球爆炸的内部因素。至于火山爆发或地震,即使严重到大大改变地球上物理环境和生存环境,但若欲动摇整个地球之本,特大地震实在只能算是"小菜一碟",完全不足道哉。

看来,可以左右地球未来之命运的也许只能是太阳系的主宰——太阳。

地球绕太阳公转,它的公转轨道稳定吗?要是公转轨道存在长期性变化,比如变得越来越大,地球就会渐渐远离太阳,不过即使最后脱离太阳系,它总还是存在的。相反,如果地球轨道变得越来越小,那情况就严重得多,地球总有一天会掉到太阳里去,地球的末日也就到了。幸好,研究表明,地球轨道相当稳定,它既不会越变越大,也不会不断地缩小,人类无须为此担忧。

太阳,以它巨大的引力牢牢地控制着太阳系天体的运动,但太阳只是恒星世界中毫不出众的一个普通成员。太阳诞生至今已约有50亿年了,在这漫长的时光中太阳非常稳定地发出光和热,为地球上万物的生长提供能量,而且还能在接下来的约50亿年内维持同样的发光、发热状态近乎不变,或者说在未来的50亿年中太阳对地球是安全的，不会造成太大的威胁。

问题是，再过 50 亿年后，情况又会怎么样？

像太阳这样的恒星，形成后其一生要经历若干演化阶段，依时间先后主要是主序星、红巨星和白矮星等。在主序星阶段，太阳由核区物质之氢热核聚变提供能源；核反应产生的能量由中心区向外传播，并最终辐射到行星际空间，其中有一小部分到达地球。所谓"太阳诞生了"就是指太阳到达主序星阶段，该阶段长达100亿年左右，其间太阳结构并无显著改变，因而它总体上是稳定的，这就是为什么说太阳还有 50 亿年稳定期。

当太阳核区中氢含量减少到仅剩下 1% ～ 2% 时，演化进程加快，太阳开始整体性收缩，核区温度则进一步升高，这个过程一直进行到核区氢燃料耗尽为止，而太阳也不再继续收缩。这时，氢的热核反应在核区周围的一个壳层中进行，随着壳层向外区燃烧开去，内区热核反应生成的氦便越积越多，而太阳外层因受到加热而急剧膨胀，表面温度则随之下降。从外部看去，太阳变得又红又大，成为一颗"红巨星"，这一阶段约为 10 亿年。

红巨星太阳的表面温度约为 3 000℃，半径可增大数十倍，达几千万千米，地球到太阳表面的距离比现在（1.5 亿千米）约近了一半，地球表面温度会大大升高，但地球本身并不会因此而气化，或者说地球有望依然存在。

也有人认为在红巨星阶段之后，白矮星阶段之前，太阳还会经历

“个儿”更大的红超巨星阶段，半径要比现在增大几百倍。真是这样的话，那时地球的命运就很惨了，就好比被吞入一只硕大无朋的焚烧炉，必然会消失得无影无踪。

你会担心那时地球人的命运吗？

请注意，人类的子嗣如能一直延续下去，地球的这场灭顶之灾即使发生也得在50亿年之后。地球人那时能借助极度发达的高科技来挽救自己吗？对此，自然无法妄加猜测。须知，短短50年前手机尚未问世，100多年前也没有飞机，此类事例充分说明，现代科技发展之迅速是很难预测和估量的。也许那时的人类在这场灭顶大灾难来临之前，早已驾驭整个地球飞到远离厄运将会发生的场所，安然无恙地继续生活下去，而地球仍然是地球人的美好家园呢！

太阳系

taiyangxi

冥王星怎么了

海王星被发现后，一些人猜测在海王星的轨道外可能还会有未知行星存在。1930 年初，24 岁的美国人汤博终于发现了冥王星。长时间内冥王星被认为是太阳系的第九颗行星，“九大行星”的说法一度成为天文教科书的内容。

冥王星之外还会有行星吗？理论上，太阳的引力范围可达日地距离的 4 500 倍，冥王星所处的位置尚不及该范围的 1%，说明存在“冥外行星”是有可能的，也许还不止一颗。不过，此类天体即使存在也必然非常暗弱，若无准确预报，要在茫茫星海中探测到它们颇为不易。进入 21 世纪后，天文学家在海王星外远处陆续发现了一批比较大的“海外天体”，并最终动摇了冥王星的行星地位。

2004 年 3 月，美国国家航空航天局（NASA）宣布发现了一颗很像行星的遥远天体，直径约 2 000 千米，这是自冥王星之后所发现的绕太阳旋转的最大天体，暂取名“塞德娜”，塞德娜是因纽特人崇拜的海洋之神。“塞德娜”目前距地球约 130 亿千米，比冥王星远了不止一倍，它的出现一度被媒体炒作为发现了太阳系的第十颗大行星。

2005 年 8 月，同一研究组又宣布发现了一颗更大的海外天体“齐娜”（后正式定名为“阋神星”），直径 2 400 千米，大于冥王星。后来，还发现了阋神星有一颗直径约 250 千米的卫星。随着“大个子”海外天体的不断发现，关于冥王星的行星地位问题再度成为人们关注的热点。

事实上，自冥王星发现以来，对其行星地位一直存在质疑声，有人认为它没有“资格”归入大行星之列。首先，直径只有 2 274 千米，比月球等一些大的卫星还要小。不过，在发现之初，冥王星直径曾一度被估计为 6 000 ～ 10 000 千米，但随着冥卫一的发现，冥王星个子大为“缩水”，列入行星之列显得很勉强。其次，冥王星的许多特性与其他大行星大相径庭，如公转轨道相当扁，公转轨道面对黄道面的倾角远大于其他行星，物质组成上既不能归入类地行星，也不能归入类木行星。

实际上，“大行星”的正式名称是“行星”，只是 1801 年以来发现了谷神星等一批小天体，并冠名为“小行星”之后，才有了“大行星”一说，以此区分两类不同的行星级天体。如何给冥王星定位？是否应增添行星的个数？“行星”的准确定义又是什么？天文学家对此众口不一，并随着阋神星的发现而争议更为激烈。一场“行星官司”最终打到国际天文学联合会（IAU）。

2006 年 8 月 14—24 日，IAU 第 26 次大会在捷克首都布拉格举行，75 个国家的约 2 500 名代表参加了会议，冥王星行星地位之争成了与会代表们的热议话题，IAU 执委会决定提出一份决议草案交全体代表公决。

票决过程可谓一波三折。在最初出台的 5 号决议草案中，“行星”定义为“质量比较大，接近圆球形，并绕恒星旋转”，还把行星分为经典行星、类冥行星和矮行星三类，分别作了若干具体说明。对此，在 8 月 22 日的专题讨论会上，与会代表分歧甚大。于是，会议又进而形成了 3 份单列的决议草案 5、6、7 号，主要变动是把行星分为经典行星和矮行星两类，其中冥王星、冥卫一和阋神星列为矮行星，代表们还是议论纷纷，意见不一。8 月 24 日上午会议形成最终决议草案下发，并分解为 5A、5B、6A 和 6B 共四份，分别进行表决，其中

5A 对行星的定义增加了“在它的轨道附近已清除了其他的邻近天体”。下午表决的结果是两份通过，冥王星从行星“降级”为矮行星，其他 8 颗保持原有的名称——行星；“经典行星”和“类冥行星”的说法则未获通过。

表决结果受到许多天文学家的赞同，但也遭到一些人质疑，个别人认为“非常糟糕”，甚至希望国际天文界能推翻已通过的决议。也有人批评决议给出的行星定义之含义模糊不清，天文学中本来就有“矮星”，它们属于恒星，矮行星又为何不算行星呢？

行星圆舞曲

寻找各类事物特征的规律性，并进而探究这些规律性的形成原因，是科学研究的重要内容，天文学亦不例外，其中之一乃是考察天体的运动。

宇宙中的一切事物无不处于运动之中。就太阳系天体而言，主要有两种运动形式，即绕自身某个轴的自转，以及绕对应母天体的公转。对行星、小行星和彗星，母天体就是太阳；对卫星来说，母天体指的是卫星绕之转动的行星。

不同行星的自转速度相差甚大。木星的自转最快，赤道区域的转动周期仅为 9 时 59 分；其次是土星，为 10 时 14 分。因为自转很快，又都是气态行星，木星和土星看上去呈现较为明显的扁球状。自转最慢的是金星，转动一周所需的时间长达 243 地球日。小行星及彗星的彗核尽管质量和尺度都比行星小得多，但也有自转，如坦普尔

1号彗星，彗核的自转周期约为42小时，这样的转动速度与比它大得多的地球之自转（周期为24小时）相比是相当慢的。

在公转特性上，无论行星、彗星或小行星绕太阳的公转，还是卫星绕其母行星的公转，都服从开普勒行星运动三定律。因此，离太阳（或母行星）越远，行星（或卫星）的运动线速度越慢。以大行星为例，最接近太阳的水星的公转运动周期仅为88天；而最远的海王星的公转周期长达165年，自1846年被发现以来，至今才绕太阳转了一圈。

对于太阳系的主要天体，包括行星及行星周围比较大的规则卫星来说，它们的运动存在着一些重要而明显的规律性。无论是行星绕太阳的公转，还是卫星绕行星的公转，以及行星和卫星的自转，甚至包括太阳的自转，都表现出若干明显的共性特征，这就是所谓近圆性、共面性和同向性。

行星绕太阳或者卫星绕母行星的公转轨道都是一些椭圆，而且这些椭圆的偏心率大多比较小，或者说绝大部分行星和卫星的公转轨道都接近正圆形，这个特征称为“近圆性”。行星绕太阳的公转轨道平面，以及卫星绕母行星的公转轨道平面，与地球公转轨道面（黄道面）的交角大多比较小，最大（水星）不超过7°，这个特性称为“共面性”。行星和卫星的公转及自转大多有着大致相同的方向，如果从地球北极上方很远处向下看，这个方向是逆时针的，这个特性称为“同向性”；而对于自转来说，同向性又表

现为大多数行星和卫星的赤道面与黄道面的交角也不大。这三方面的共性运动特征说明，太阳系主要天体的运动状态可谓“步调颇为一致”。

不过，除了上述共性特征外，也存在少数例外。明显不符合同向性的是金星的逆向（顺时针方向）自转和天王星的侧向自转，这两颗行星的赤道面与它们绕太阳公转轨道面的交角分别为 177°和 98°——在金星上太阳是西升东落，而不是东升西落。不仅如此，由于天王星卫星的公转轨道平面与天王星的赤道面相重合，所以这些卫星绕天王星的公转轨道面与天王星绕太阳的公转轨道面同样交 98°角，完全不符合共面性规律。此外，水星公转轨道偏心率为 0.206，与其他行星的轨道（偏心率均不超过 0.1）相比是较扁的椭圆，共圆性较差。

而矮行星及太阳系小天体，如小行星、彗星、海外天体等的运动状态可谓五花八门，不符合近圆性、共面性和同向性这些共性规律。此类天体的公转轨道可以是一些非常扁的椭圆，与上述近圆轨道相差甚远。有的彗星甚至取抛物线或者双曲线运动轨道，因而它们只是太阳系的匆匆过客，一去而不复返。它们的公转轨道平面可以与黄道面交任意角，这不符合共面性，随之而来的是这几类天体的公转和自转方向也就无同向性可言。说得更具体一些，在这几类太阳系天体中，有的能符合近圆性、共面性和同向性特征，而不少则完全无共性规律可循。

毫无疑问，上面谈到的太阳系天体之运动特性必然取决于太阳系形成时的条件以及嗣后的长期演化，而任何成立的太阳系起源和演化理论，应该能对太阳系主要天体的共性运动特征和少数例外，以及较小天体的另类运动特性作出合理的解释。

追捕天空逃亡者

科学家们喜欢并善于思考，有时甚至达到“挖空心思”的地步，他们力图思索某种规律性现象的内在原因，并由此作出重要的发现。

18世纪下半叶，人们已掌握了水星、金星、地球、火星、木星和土星的运动规律。如以日地平均距离（即天文单位，约等于1.5亿千米）为单位来表示，它们的平均日心距依次为0.39，0.72，1.00，1.52，5.20和9.54。这一串数字除了一个比一个大之外，好像并无规律可循，但却引起了德国科学家提丢斯的注意。

1766年，提丢斯在经过一番煞费苦心的探究之后居然发现，如从3开始写出一串数，每一个比前一个大一倍，再在3前面添一个0，就构成一个数组。接下来，把数组中的每一个数都加上4，最后再把全部数字除以10。经过这么一番捣鼓，数组最终变为0.4，0.7，1.0，1.6，2.8，5.2，10.0，19.6……它们被称为“提丢斯数组”。

下列简表中第一行给出上述6颗行星（以及当时尚未发现的天王星）以天文单位计的平均日心距，第二行是对应的提丢斯数组：

水星	金星	地球	火星		木星	土星	（天王星）
0.39	0.72	1.00	1.52	（？）	5.20	9.54	（19.2）
0.4	0.7	1.0	1.6	2.8	5.2	10.0	19.6……

提丢斯注意到在他的数组中，除2.8及10.0以后的数字外，其他数字居然和行星日心距一一对应，吻合得相当好，但在数字“2.8”的位置上没有与之对应的行星。1772年，德国天文学家波得

公布了提丢斯的发现，并声称在这个空缺位置上应存在一颗尚未发现的行星。后来，人们把上述数字的一一对应关系称为“提丢斯-波得定则”或“波得定则”。1781年发现了天王星，它的平均日心距为19.2天文单位，与数组中的“19.6”十分接近，一些人为之兴奋不已。

最早试图对这颗潜在的“2.8”行星进行搜索的是德国天文学家查哈。1800年9月，查哈等人成立了一个被戏称为“天空警察支队”的协会，该协会把天空中的可疑天区划为24小块，由参与成员分工对各小块天区进行细致搜索，以“跟踪和捕获逃亡中的太阳系子民”。这种工作看上去毫无头绪，要想取得成功非有观测能手参与不可，于是查哈他们想邀请意大利巴勒莫大学天文台台长皮亚齐参加。有意思的是，在协会还未与皮亚齐联系上时，这位天文观测高手已在一次偶然机会中发现了这个“逃亡”中的天体。

1801年元旦，皮亚齐在例行观测中发现了一颗未知的暗星，并很快看出它在恒星间缓慢移动。由于该小星没有表现出云雾状外形，移动得比较慢，但速度相当均匀，皮亚齐意识到它可能不是彗星。他跟踪观测了6星期，但未能算出小星的轨道，后来因生病，观测中断而把它丢失了，皮亚齐只得到处写信求助。是年11月，德国数学家高斯利用皮亚齐的观测资料算出了这颗星的轨道，预报了它的位置，并认定这是位于火星和木星轨道之间的一颗行星。翌年元旦，德国天文学家奥伯斯根据预报重新找到了这颗行星，观测位置与预报位置仅差30′，皮亚齐把它命名为“谷神星”。

怪事来了，谷神星到太阳的平均距离为2.77，刚好填补了提丢斯数组中2.8这个空缺，使数组显得更为神秘莫测。但谷神星“块头”太小，直径不到1 000千米，不能与已知的6颗行星为伍，经威廉·赫歇尔的提议便冠名为“小行星”。

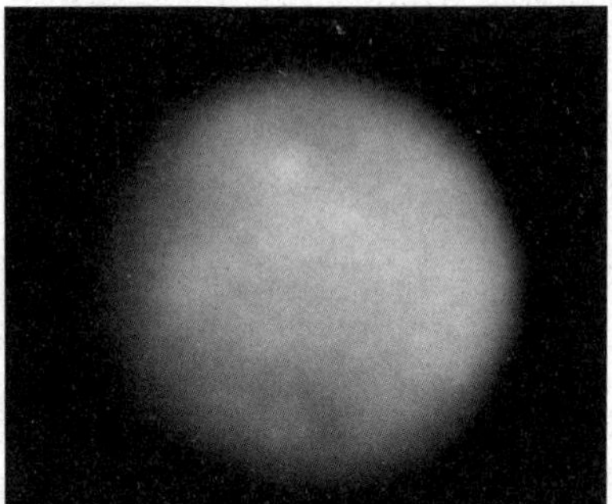
谷神星

神秘数组究竟说明了什么？迄今无人能给出合理解答。两位以色列科学家注意到，在一颗恒星的周围有3颗行星，它们到母恒星的距离之比为0.4∶0.77∶1.0，与水星、金星、地球的日心距之比0.39∶0.72∶1.0非常接近。这难道只是巧合，抑或说明波得定则也许具有某种普适性？如果真是后者，那么对恒星周围行星的形成便提出了一种尚未理解的制约条件，而这非常值得进一步研究。

天文版“守株待兔”

成语故事“守株待兔”具有警示意义，告诫人们不劳而获的思想是要不得的。相反，与小行星发现史有关的天文版“守株待兔”故事，又一次告诉天文学家如何以坚忍不拔的科学精神取得不俗的研究成果。

德国天文学家奥伯斯非常喜欢思考一些常人根本想不到的问题。1802年3月8日，40多岁的奥伯斯发现了第二颗小行星——智神星，且轨道与谷神星很接近。这一发现使奥伯斯提出了一个大胆设想：两颗小行星都是曾经存在的一颗大行星爆裂后的碎块，这样的碎块应不止两块。如这一假设成立，那么众多小行星的轨道应在爆炸发生处相交。奥伯斯算出了交点的位置，进行了3年守株待兔式的监测，终于在1807年3月29日发现了另一颗小行星灶神星。此前，德国天文学家哈丁已于1804年发现了婚神星。

发现头4颗小行星所花的时间不到7年，下一个伙伴的出现却颇为不易。1845年12月8日，德国退职邮政官、天文学家亨克经过15年苦苦搜索，才找到了第五颗小行星——义神星。两年后，亨克又找到了一颗。此后，发现小行星的速度渐而加快，不过亮度越来越暗，说明后期发现的小行星越来越小。19世纪照相术问世并用于天文观测，大大加快了小行星的发现进程。1890年，人们已认定了287颗小行星的运动轨道。1975年正式编号的小行星有1 966颗，2010年这一数字猛增到241 562颗。科学家估计小行星总数有数百万颗。

婚神星被发现后，奥伯斯注意到它与谷神星和智神星轨道很接近，且都交会于室女座，于是他进一步认定这些小行星应该源自一颗大的行星，后者在过去的一次灾变事件中爆炸碎裂，留下来的众多碎片就成为大小不一、形状不规则的小行星，他的设想可算是最早的小行星起源学说。

随着众多小行星不断被发现，这种学说逐渐发展成比较完整的"爆炸说"：在太阳系演化早期的火星和木星轨道之间，与提丢斯数组中"2.8"相应的地方原来存在一颗有火星甚至地球那么大的行星，后来由于某种原因发生了爆炸，残留的大小碎片便成了现在观测到的小行星。

爆炸说很快受到人们的质疑。首先，按照这种理论，所有小行星的轨道应相交于爆炸点，但许多小行星的轨道相差很大，用爆炸说来解释显得非常勉强，甚至根本说不通。怀疑爆炸说的另一个理由是，全部小行星的总质量估计不到地球质量的1/800。最后，爆炸说的致命弱点是爆炸起因无从解释，或者说根本就找不到任何令人信服的爆炸机制。到20世纪后期，爆炸说已经被人们所抛弃。

继爆炸说之后，美籍荷兰天文学家柯伊伯提出，在太阳系演化过程中，火星和木星轨道之间没能形成单一的一颗大的行星，而是生成5～10个比较小的小天体——原行星。它们在长期演化过程中相互不断碰撞、碎裂，最后便形成今天所看到的小行星。这显然是对奥伯斯理论的一种修正，爆炸成因难点就不存在了。但柯伊伯没有说明那些原行星是怎样来的，他只是解释了小行星的演化，并没有解决它们的起源问题。

20世纪70年代，瑞典科学家阿尔文等人提出了“半成品说”。这种学说认为，太阳系形成之初，火星和木星轨道之间的太阳系原始物质由于某种原因未能凝聚成大的行星，只是形成了众多小行星，并一直保留到今天。1979年，中国天文学家戴文赛通过定量计算，将“半成品说”的论点大大推进了一步，特别是较好地说明了未能凝聚成大行星的原因。

鉴于小行星观测特征的多样性，也许一种学说难以说明全部小行星的观测特性，不同小行星可能有着不同的起源。彗星演化说便是有关小行星起源的另一类学说。远离太阳时彗星只有彗核，与小行星没有本质上的差别，故有人认为这两类天体可能代表了某种演化序列。每当彗星接近太阳时会形成彗发和彗尾，同时损失一部分质量，多次回归太阳后彗星表面的挥发性物质消耗殆尽，剩下的彗核也就成了一颗小行星。

不可奢望的流星雨奇观

媒体不时会有这样一类报道：今年 × 月 × 日 ×× 时前后在 ×× (地点) 可看到 ×× 流星雨，爱好者们请勿错失良机，云云。流星雨真的很好看吗？

流星通常是无规则地零星出现，可称为“偶现流星”。与之不同，有时在夜空中的某一区域或某一段时间内流星的数目会异常增多，如 1 小时内出现几十条甚至更多，这种现象称为“流星雨”，其中特别大的流星雨又可称为“流星暴”。流星雨是一大群流星体短时间内闯入地球大气层，由此造成众多流星相继甚至同时出现的结果。这种成群结队的流星体称为“流星群”。

在短时间内会出现众多的流星，流星雨天象显然颇具观赏性。例如，1833 年狮子座流星雨出现时，1 小时竟多达 35 000 条，大约每秒钟出现 10 条，其景象甚为壮观。可惜这种机遇实在是少之又少，自 1833 年后就再也没有出现过。即使是那么大的罕见流星暴，如把它形容为“看上去就像下星雨或放焰火一样”仍有点言过其实。须知，凡

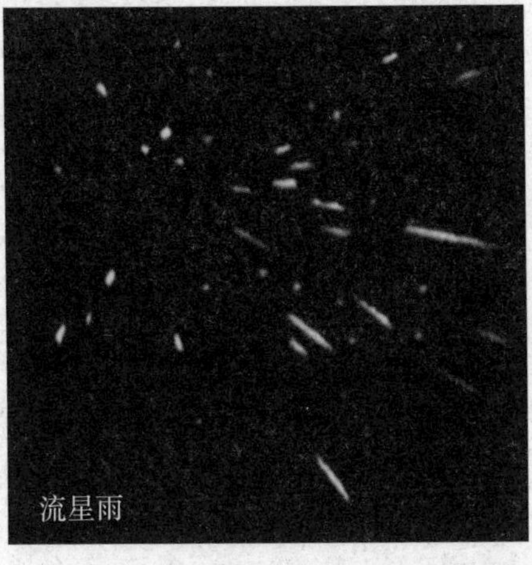

流星雨

显示流星雨的照片，都是经过比较长时间的曝光后拍得的，绝不是肉眼所见的瞬时景象。至于一些关于流星雨的绘画，那就更是过分地夸大了，切勿信以为真，否则你必会大失所望。

流星群的各个成员步调基本一致地在行星际空间中运动，它们的轨道在同一时间段内大体上彼此平行。只是由于透视的缘故，在地球上看来流星雨仿佛都从同一点向外辐射出来，这一点便称为"流星雨辐射点"。对于大多数流星群或流星雨，往往以其辐射点所在的星座或邻近的某颗恒星来命名，如狮子座流星群、宝瓶座δ流星群等。

流星雨的出现与太阳系中的另一类天体——彗星有关。彗星的外形与太阳系其他天体迥异，在远离太阳时仅表现为彗核，直径几千米或更大些。一旦接近太阳，在太阳辐射的作用下，彗核物质的气化会形成巨大的彗发和很长的彗尾。构成彗发和彗尾的物质最终会脱离彗核，结构并不紧密的彗核在漫长时光中也可能瓦解，而流星群便起源于彗星散发出来的物质碎粒或是瓦解了的彗核。

支持上述理论观念的最著名的例子是1826年奥地利人比拉发现的彗星，该彗星绕日公转周期为6.6年，地球在每年的11月27日穿过它的轨道。1846年1月发现比拉彗星已分裂为二，且都带有彗尾。分裂后两颗彗星间的距离越来越远，当1852年它们双双再度出现时，彼此已经分得很开了。在以后两次预期彗星该出现的1859年和1865年人们都没有观测到它们，以为彗星已告失踪。然而，在6.6年后的1872年11月27日夜晚，天空中突然出现了极为壮观的流星雨，辐射点在仙女座，1885年11月27日又发生了同样的现象。经查历史资料得知，1798年、1830年和1838年都观测到仙女座流星雨。可见比拉彗星在瓦解前早已散发大量的质点，仙女座流星雨毫无疑问与比拉彗星有关，故它又被称为"比拉流星雨"。

随着时间的推移,彗星散发出来的微粒会因太阳辐射压和大行星引力扰动,渐而扩散并分布在彗星的整条运动轨道上。一部分彗星的轨道可与地球公转轨道相交,当地球穿越这种区域时便会因大批微粒同时段进入大气层而形成流星雨。不过,这类微粒在母体彗星轨道上的分布是不均匀的,彗星附近的密度特别大。所以,对应于某一颗彗星,并不是每年都能从地球上看到壮观的流星雨。比如,在平常年份,狮子座流星雨的流星数目并不很多,只是每隔 33 年才有一次程度不等、规模较大的流星暴出现,而这 33 年就是母体彗星的轨道运动周期。

偶现流星的出现具有很大偶然性,因而无法预报。流星雨的出现则是可以预报的,不过准确预报流星雨出现的时间、最佳观测地点和出现的频数则相当困难。流星雨出现的极大时间段取决于地球何时穿越微粒密集区。鉴于微粒在彗星运动轨道上分布范围很大,情况又相当复杂,以及它们很容易受行星引力的扰动影响而改变运行路径,所以不容易准确算出微粒密集区的位置,这一点与日月食预报的情况很不一样。

科学的胜利

继第谷之后,开普勒经长期观测分析,同样认定彗星绝不是大气现象。在那个时代,已经有人推测彗星轨道也许是封闭的,同一颗彗星可能多次返回地球附近,或说回归地球。由于认识上的提高,欧洲人开始注意测量彗星在夜空中的位置。

17世纪80年代前，尚无人能完整掌握计算彗星轨道的全部知识。当1680年一颗彗星出现时，牛顿根据万有引力定律和观测资料，第一次正确算出这颗彗星绕太阳运动的轨道，当时他的不朽名著《自然哲学的数学原理》尚未问世。1682年又有一颗彗星出现，英国天文学家哈雷与好友牛顿一起，开始合作进行彗星轨道计算。

哈雷生于1656年11月8日，曾任格林尼治天文台第二任台长。他编纂了大量有关彗星的记录，是第一个全力从事彗星轨道计算的天文学家，对彗星研究作出了巨大的贡献。在《彗星天文学论说》一书中，哈雷根据史书记载的资料，计算了1337—1698年间观测到的24颗彗星的轨道。经仔细比照后哈雷发现，1531年、1607年和1682年出现的3颗彗星的轨道十分相似，于是他大胆推断这是同一颗彗星的3次回归，这颗彗星应该每隔75～76年回归一次，并将在1758年底或1759年初再度出现。

哈雷于1742年1月14日与世长辞，未能亲眼验证自己的预言。然而，彗星果然在1758年圣诞之夜如期而至，一位业余天文学家发现了它，在哈雷逝世16年后证实了他的预言。为纪念他的这一历史性功绩，这颗彗星便被命名为“哈雷彗星”，公转周期为76年。哈雷彗星周期性回归之确认，不仅是哈雷个人的功绩，也是科学的胜利。

哈雷彗星是第一颗人们能正确预报回归时间的周期彗星，故而名声最大。它又是周期彗星中唯一的一颗年轻彗星，尽管已回归太阳附近有好几十次，但依然处于很活跃状态，每次出现时在太阳辐射的作用下都会呈现多变的形态，无愧是彗星中的佼佼者。这亦是哈雷彗星名声大振的一个重要原因。

哈雷在研究彗星的过程中，从中国古代记录中得到不少启示。自春秋战国到清末的2 000多年间，哈雷彗星每次出现，中国史书中

都有记载。《春秋》载，鲁文公十四年(公元前613年)，“秋七月，有星孛入于北斗”，可算是世界上最早关于哈雷彗星的确切记载。从公元前240年起，哈雷彗星每次出现中国都有记载，次数之多、记录之详细可谓无出其右者。1985年在巴比伦发现了公元前164年哈雷彗星的观测记录，西方最早的记载是公元66年。

1910年5月哈雷彗星回归前，天文学家预测5月19日彗星位于地球和太阳之间，距地球2 400万千米，届时巨大的彗尾将扫过地球。这一消息迅速传遍欧洲，人们为此惊恐不安。甚至有传言说彗星中的致命有毒气体会侵入地球大气，还有人相信地球会被彗尾打翻，世界末日即将来临。然而，事实上一切安然无恙，地球人丝毫没有察觉到有任何异样迹象。当时，照相术已经用于天文观测，包括中国佘山天文台在内的许多天文研究机构都拍下了这颗大名鼎鼎彗星的“倩影”。

1910年哈雷彗星回归的场面的确非常壮观。5月17—19日，彗尾长达2亿千米，跨度超过半个天空，它也确实扫过地球，但密度极低，只及近地面大气密度的十亿亿分之一，故对地球毫无影响。

最近一次回归是在1986年，可惜哈雷彗星在远离地球的地方度过了它最光辉的时刻，而当4月10日距地球最近时已变得很暗了，这令爱好者们深感失望。但是，专业天文学家并未有所懈怠，不仅动用了众多地面望远镜，而且首次发射了多台专用空间探测器，对这颗彗星进行了近距离观测，并取得丰硕的成果。

下一次哈雷彗星回归将在2061年，那时人类的科学技术必将大大超过现有水平。届时各国科学家必将开展更广泛的合作，也许宇航员们会搭乘空间飞船对这位“彗星明星”作实地考察。

行星环和天上“牧羊人”

土星可算是太阳系中最奇特的行星，用小望远镜就能看到它美丽的草帽形外貌，而星体周围的“帽檐”就是土星光环，又称“土星环”。

1610 年 7 月，伽利略在望远镜中看到土星两旁有某种奇怪的附属物，但未意识到存在土星环，而认为土星有两个卫星之类的小天体。一段时间后附属物又似乎隐匿不见了，于是伽利略没有立即宣布他的发现。1659 年，荷兰科学家惠更斯证实伽利略观测到的是一个离开土星本体的环状结构，3 年后当他确信这一点时宣布：“土星周围有一个又薄又平的光环，它的任何部分都与土星不相接触……”

在以后的 200 多年内，土星环一直被认为是一个或若干个扁平的固体物质盘。1856 年，英国物理学家麦克斯韦从理论上证明，环必然是由围绕土星旋转的一大群小“卫星”组成的物质系统，不可能是整块固态物质盘。40 年后，天文观测证实了这一点，最终阐明了环的本质。

土星环系有 7 个环，环与环之间则是一些窄而暗的环缝，如宽 4 800 千米的卡西尼环缝，以及恩克环缝、麦克斯韦环缝等。人们一直以为太阳系内唯独土星有光环，土星环成了太阳系中的珍品。

1977 年 3 月 10 日发生了一次天王星掩星天象，被掩的是一颗暗星，中国、美国等国天文学家进行了观测。人们意外地发现，在被天王星本体遮掩前后的各几十分钟时间内，恒星星光出现了多次闪烁——星光减弱又迅即增亮，这显然不能用天王星有大气层来解释。经仔细分析后最终认定，星光闪烁是因天王星周围有环状结构存在，并且还不止一个环。1978 年，地面观测证实了掩星观测的推断。天王星环系至少由 11 个环组成，但结构与土星环大不一样。天王星环都很窄，宽度大多只有 10 千米左右，但环和环之间则是相当广阔的空间，而土星环非常宽，环缝相对较窄。

美国的“旅行者”1 号探测器于 1979 年 3 月穿越木星时，拍摄到了很暗的木星环照片，并为后期到达的“旅行者”2 号探测器所证实。木星环主要由亮环、暗环和晕三部分组成，环厚约 30 千米，晕的延伸范围可达环面上下各 1 万千米。

在发现天王星环的启发下，有人试图借掩星事件来寻找海王星环，但几次观测结果和相关解释却众口不一。谜团在 1989 年 8 月“旅行者”2 号探测器到达海王星时终于有了答案——海王星确实也有环，且至少有 3 ～ 5 个完整或比较完整的环。海王星实在太远，环都很暗，地球上很难观测到。

为解释行星环的形成，人们提出了若干种理论，如潮汐理论、凝聚理论、碰撞理论等。

法国天文学家洛希最早指出，卫星到母行星的距离不能近于某个限值，否则会被行星引力瓦解而不复存在，这个最小距离称为“洛希极限”。潮汐理论认为，在洛希极限之外形成的卫星，因公转轨道缩小，靠近行星达洛希极限时会被行星潮汐力瓦解，结果便形成行星环。

凝聚说认为，行星环物质是通过微粒间的凝聚形成的。开始是一种非引力过程，微粒增大到一定程度后引力起主导作用，粒子继续长大。因粒子处于洛希极限之内，它们未能进而成长为卫星，保持了原有的盘状结构而成为行星环。这种理论意味着行星环形成与现有的卫星没有直接关系。

碰撞理论的基本思想是，在行星环所处的位置上，最初曾有过一个或几个小卫星。因引力太小，遭流星体撞击所产生的碎片能从这些卫星的表面逃逸，但没有摆脱母行星的引力束缚，大量碎片最终构成了绕行星转的环。

4 个类木行星的周围都有行星环，但特征不尽相同，故有人认为不同行星的环也许有着不同的形成机制。

行星环为何能长期维持而不会瓦解掉？有人认为，一些处于特定位置上的卫星的引力作用使环物质不致四分五裂，并维持在一个有限的范围内。这类卫星被称为“牧羊卫星”，它们对环物质的作用，犹如牧羊人起着管好羊群而不使羊群跑散的角色。目前已发现土星有 3 颗牧羊卫星，而天王星则有 2 颗。另外，环缝的稳定存在也可能与一些卫星的引力影响有关，如土卫一对于卡西尼环缝，以及土卫十八对于恩克环缝等。

天地大冲撞

1993 年 3 月 24 日傍晚，美国彗星观测专家休梅克夫妇和加拿大天文学家利维共同发现了休梅克－利维 9 号(SL9)彗星。该彗星的与众不同之处在于被发现时彗核已分裂成至少 21 个小块(亚核)，且全部亚核都位于一条直线上。

分裂事件应发生在上一年的 7 月 8 日，在彗星与木星近距离交会之际,木星的巨大引力把结构较松散的SL9彗核撕裂成了众多的碎片。嗣后,碎片间距离越拉越远,最终伸展为直线状,成为彗星世界一大奇观。经研究后惊人地发现,SL9彗星将于次年7月中旬撞击木星。整个天文界为之兴奋不已,翘首以待撞击事件的到来。

彗木相撞事件在预报之日准时发生了。从1994年7月16日起,SL9彗星的21个亚核,以大约60千米每秒的速度和45°入射角接连投入木星的怀抱,上演了太阳系史上极为壮丽的短片。这是人类第一次准确预报并观测到的太阳系天体大规模撞击事件,世界上几乎所有的望远镜都对准了木星,观测到了撞击事件的全过程。

昙花一现的彗木相撞事件早已过去,科学家们却不得不认真思考一个严肃的问题:未来某一天类似事件会不会发生在地球上?人类又应采取何种对策?这种可能性尽管非常小,但却存在;太阳系形成以来,各类天体确实长期受到彗星、小行星之类小天体的不时撞击。

1908年6月30日,当地时间上午7时17分,一颗直径不到100米的小行星,以30千米每秒左右的速度闯入俄罗斯西伯利亚通古斯地区上空,在距地面6千米处爆炸。这一事件犹如发生强烈地震,2 000平方千米内的森林被尽数推倒。这就是著名的通古斯事件,爆炸释放的能量超过广岛原子弹威力的500倍。

从伽利略用望远镜观测天象以来,人们早已知道月球上布满了大大小小的环形山,直径大于1千米的环形山总数达33 000多个,最大的直径约为200千米。它们绝大多数是小天体撞击月面的结果,环形山也就是陨击坑。地球有一层厚厚的大气,对外来小天体的侵入起着屏障作用;月球没有这样的大气层,再小的流星体也能保持原有速度和质量,毫无阻挡地猛击月面并生成陨击坑。月球上没有空气，没有流水，也没有风化侵蚀作用，加之月球上的地震活动远比地球来得弱，所以即使几十亿年前生成的陨击坑也能长时间完好地保存下来。

随着行星际探测器的发射成功，已经发现不仅在水星、金星等类地行星的表面上，而且在许多卫星上，甚至在小行星上，都分布着许多大小不等的陨击坑。

上述事实告诉我们，太阳系内小天体对行星等天体的撞击是一种普遍现象，通古斯事件只是人类有文字记载以来地球上所发生的最大一次撞击事件。地球在未来仍然会遭受小天体的猛烈袭击，彗木相撞的发生再一次表明，这类较大规模的天体撞击事件仍会发生。

今天，人们已清楚地认识到地球会遭受小天体的撞击，有可能造成破坏性极大的灾变，并正在严肃认真地考虑对策。这个问题上，第一位任务是找到有潜在威胁的小天体，并对其轨道运动作出准确的预报。一旦确认有某个较大的小天体在未来会撞击地球，并对人类构成严重威胁，下一步工作就是设法解除这样的威胁。

以目前人类的科技水平，完全能做到提前发射一艘无人飞船去拦截天外不速之客。一种设想是在该天体附近引爆一颗氢弹，爆炸产生的推力只需使入侵嫌疑者稍微改变一下运动路径，对地球的潜在威胁也就消除了，这要比把小天体炸碎更易于取得成功。另一种设想是，飞船在小天体附近组装一个巨型太阳灶，利用太阳能使小天体物质升华、蒸发，随着质量的减少，小天体的运动轨道便会发生改变，地球得以避免灾变事件的发生。有人甚至设想，为小天体安上一些大型风帆式装置，利用太阳风和太阳光压对帆的推力，把疑似肇事小天体“吹”离原有轨道，这样地球的“杀手”也就不存在了。

从简单到复杂的演变

地球人生活在一个物质形态多样化的太阳系内。太阳雄踞系统中心，在其引力掌控之下，包括小行星、彗星在内的各类行星级天体都绕太阳公转，而160多颗卫星绕着各自母行星运动。太阳系空间内还游弋着难以计数的流星体，而密度极低的行星际介质则无处不在。

这样一个内容丰富的太阳系是如何形成的呢？从历史上看，太阳系起源学说不下数十种，其中以星云说最为合理。

1755年，德国哲学家康德提出了太阳系起源的星云说，不过没有引起学术界的普遍重视。1796年，法国数学家拉普拉斯在《宇宙体系论》一书中详细阐述了自己的星云说。他的学说与康德的观念本质上是相同的，即太阳系天体起源于同一个原始太阳星云，只是康德侧重于哲理，拉普拉斯则从数学和力学上进行论述。鉴于拉普拉斯的学术地位，星云说得以广泛传播，哲学家康德的观点也因此被人们重新提起，于是被称为“康德-拉普拉斯星云说”。现代星云说因能解释太阳系内大部分观测事实，已为天文界所广泛认同。

约50亿年前银河系中有一团几千倍太阳质量的气体尘埃云，它在自身引力作用下逐渐收缩，内部出现许多湍流和涡流，并促使大星云碎裂成许多小星云，其中一块就是太阳系的前身——原始太阳星云，质量不超过太阳的1.2倍。原始太阳星云有自转，它在引力作用下收缩，绝大部分物质在中心区先形成太阳，同时星云自转得越来越快，外区物质逐渐变为扁平状，形成一个星云盘。

太阳形成后，因太阳强烈的辐射和太阳风的作用，星云盘中气体被向外推离，因而盘内区的尘埃含量相对较高，外围部分气体含量较高。星云盘在靠近太阳的内圈较薄，外围部分较厚，物质密度则是内圈较高，离太阳越远密度越低，行星就是在这种状态的星云盘中形成的。

行星形成的大致过程是，盘内尘埃微粒在运动中互相碰撞，结合成大小不等的颗粒。较大固体颗粒在太阳引力、离心力、气体压力及阻力等因素作用下，逐渐沉降到盘的中央平面附近，形成一个更薄的"尘层"。一旦尘层内物质密度变得比较大，就会出现引力不稳定和转动不稳定现象，尘层瓦解为众多颗粒团。颗粒团继续收缩和聚集，先形成一些小团块，然后因相互碰撞结合成尺度较大的团块，称为"星子"。

大星子不断吸积周围物质，或吞并小星子而迅速长大。在星子之间的交会、碰撞过程中，大星子越长越大。这里有两种可能：如果两个星子大小相差悬殊或相对速度不太大，它们就会结合在一起；否则就会撞碎，大多数碎块最终又被大星子所吸积。在这种碰撞、吸积和合并的复杂过程中，行星盘的一定区域内会产生一个相对最大的星子，这就是行星胎。

星云说

行星胎的形成大大加快了物质聚集过程，最终形成了一颗颗大的行星。盘内圈的行星因尘埃含量较高，是一些固态类地行星，外圈行星因气体含量较高，是一些气态类木行星，但中心可能有很小的固态核。在一些行星的周围,规则卫星的形成很可能是上述过程在较小规模上的再现。没能形成行星的星子,在演化过程中就形成了小行星、彗星和不规则小卫星。从星云盘到形成行星只需1 000万年到几亿年时间,太阳系所有成员基本上是在同一时间段内相当快地形成的。

为说明不符合共性特征(参见“行星圆舞曲”)的少数例外,如金星逆向自转和天王星侧向自转,一种观点认为,在行星形成后不久,行星际空间还游弋着大量星子,其中大星子对个别行星的猛力撞击有可能使行星运动状态发生剧烈变化。有人经计算后指出,如有一直径11 600千米、质量约为1/20天王星质量的大星子,沿抛物线轨道与天王星发生擦边碰撞,则足以撞翻天王星,使之成为目前的侧向自转状态。这种机制同样可用以解释金星的逆向自转。

如果确实存在这类撞击事件,那么幸运的是大星子没有撞上地球,否则地球可能会被撞得“七荤八素”,而繁花似锦的地球生物圈也许就没有了。这类大星子今天已不复存在,人类完全不必担心它们会再撞击地球。

简而言之,太阳系形成是一个物质形态从简单到复杂的变化过程。

恒星和银河系

hengxingheyinhexi

满天星斗知多少

天上究竟有多少颗星星？而你又能看到多少颗星星？这需要一步一步来讲清楚，它涉及人的视力、环境条件、观测设备等诸多因素。

今天，哪怕在城市近郊，由于灯光污染，想要看到满天星斗的景象只能是一种奢望。如果在大城市中心区，视力再好，夜晚天空除了月亮和少数几颗大行星外，也就只能看到为数不多的几颗最明亮的恒星，而且很难识别其“身份”。

设想你在远离城市灯光的僻静处休闲度假，周围视野非常开阔，大气透明度极好，且当晚并无月光，而你的视力（或纠正视力）达到1.5，那么在漆黑的夜空中你应该可以看到3 000多颗星，除个别行星外，它们绝大多数都是恒星。而且你不难感觉到这些星星的亮度是不一样的，有的相当亮，有的只能勉强看到。天文学上通常用视星等来表征天体的亮度，规定正常视力所能看到的最暗星星的视星等为6等。星等数值越小，天体的亮度越大。且约定相差1个星等的两个天体的亮度之比为2.5。例如，北极星的视星等约为2等，织女星为0.1等星，金星最亮时可达−4.4等，满月时月亮的视星等约为−12.7等，而太阳的视星等为−26.7等。可见，太阳的亮度是织女星的500亿倍，约为满月的40万倍。

实测表明，全天亮于6等（含6等，下同）的恒星共计约有6 900颗，这就是正常视力的人所能看到的恒星总数。不过，其中大约有半数恒星位于地平线以下，所以同一时间可以看到的恒星充其量只有

3 000 多颗。要是空气透明度不太理想，靠近地平线附近的恒星会显得较暗而观测不到，这时能看到的恒星就更少了。

望远镜的发明，使观测者的视力大为提高，也就是说可以看到比 6 等更暗的恒星，而且望远镜的口径越大，就能看到越暗的恒星。如果不是用人眼，而是通过探测器来观测的话，随着探测器灵敏度的提高，可以探测到越来越暗的恒星。例如，CCD 相机（基本原理同数码相机）的灵敏度就要比胶片（相当于胶卷相机）高得多，可以拍到更暗的天体。

在照相机发明之前，天文学家只能通过望远镜用肉眼来数星星，工作非常辛苦。为探索银河系的结构，著名英国天文学家威廉 · 赫歇尔曾花费数十年时间做了 1 000 多次观测，在他的望远镜视场中共计数了近 12 万颗恒星。

一般情况下，亮度越暗（星等越大），恒星的个数越多。如果银河系中恒星之间的空间（称为“星际空间”）完全透明，且各种亮度恒星在星际空间内均匀分布，那么视星等每增加一等，星数增加到 3.98 倍。据此，可以推算出全天亮于 7 等的恒星约有 2.7 万颗，亮于 8 等的恒星约有 10 万颗。不过，实际上星际空间并非完全透明，恒星的分布也并不均匀，故实际结果必小于 3.98 倍，而且随着视星等的增大而减小。鉴于诞生恒星的条件，它们的视星等不可能为无限大，即亮度不可能无限地小，而且对于那些又暗又远的恒星，地球上再好的设备也观测不到。那么，能否作一番估计呢？

先来看一下银河系内一共有多少颗恒星。因为数目太大，一个一个地数肯定是数不过来的，这恐怕比数清楚一只鸡身上有几根羽毛还要难得多，何况太暗的星根本看不到。为此，天文学家采用了估算法，而这个办法其实也很简单。银河系有自转，根据它的转动速度便可以估算出银河系的总质量。另外，已经知道太阳在恒星世界中不算大，也不算小，是一颗中等质量的恒星，而太阳的质量也是知道的。于是，只要把银河系质量除以太阳质量，便可估计出银河系内的恒星数。所以，如果某科普文章说银河系内共计约有 1 400 亿颗恒星，这个数字就是估算出来的，而不是一个个数出来的，它只是一个大概数，无人能知道银河系恒星的精确个数。

宇宙的范围并不仅限于银河系，在银河系之外还存在数以百亿计的如银河系般的星系。由此可知，在目前所能观测到的宇宙范围内，总计大约有 100 万亿亿颗恒星。

划分天界的历史

天上恒星不胜枚举，如何便于识别？历史上学者们为此动了不少脑筋。

古时候夜天无光污染影响，群星闪烁，吸引着众人的注意。古人在凝视这些星星时，不免浮想联翩，于是想象着把若干相邻亮星用线条连接起来，会觉得某几颗星连线的轮廓像一个勇士，或者形状如一只大鸟，等等。

公元前 3 000 年左右，在今天属于伊拉克的美索不达米亚平原上，生活着古巴比伦人，他们相信主宰地面世界的是上苍神灵，而神灵会通过天象预示人世间吉凶祸福。为解读神灵的预示，占星术开始出现。占星术首先关心的是太阳周年运动路径（黄道）附近的星星，并把它们划分成 12 个星座，也就是黄道 12 宫，它们依次是白羊、金牛、双子、巨蟹、狮子、室女、天秤、天蝎、人马、摩羯、宝瓶、双鱼。此外，古巴比伦人还在黄道南北两侧建立了一些星座。

古希腊人继承了古巴比伦人的天文学成就。2 000 多年前，古希腊学者喜帕恰斯所编星表中已出现 49 个星座，到公元 2 世纪托勒玫在《天文学大成》一书中又增加了 18 个星座，至此北天星座名称已大体上确定下来。南天 48 个星座则是到 17 世纪，由于环球航行的成功，经航海学家的观察后才逐渐得以认定。

古希腊人的一大创新是把想象成人或动物的星座与神话故事联系起来，使星座名称更具有神秘感，于是星座又增添了文学和艺术的价值。

最初，星座只是指用一些线条连接起来的若干颗恒星，这使大量暗星的星座归属存在很大随意性。1841 年，英国天文学家约翰·赫歇尔提出以天球上的赤经、赤纬线(类似于地球上的经纬线)来划分星座范围。1928 年，国际天文学联合会(IAU)规定把全天划分为 88 个星座，并一直沿用至今。自此，每个星座便有了确定的天区面积。

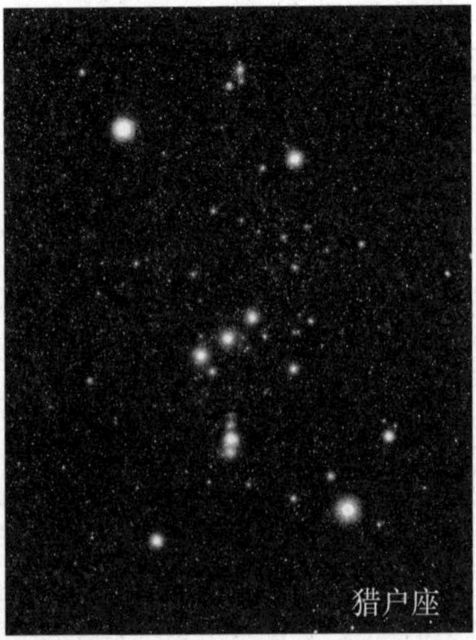

猎户座

早期认定的北天星座多以希腊神话人物或动物命名，如仙女座、仙王座、大熊座等。后期在南方天区则引入了一些仪器名，如望远镜座、显微镜座等。实际上绝大部分星座“名不符形”，更谈不上有任何科学意义。

不同星座所占天区面积相差很大，如长蛇座面积约 1 300 平方度，而南十字座仅 68 平方度。这种情况是由星座命名的历史过程形成的，无所谓是否合理。各星座内所包含的肉眼可见星数也多少不一，甚至相差很大。

为便于识别星星，中国古人对星空也划分了许多区域，称为“星官”。三国时期吴国太史令陈卓在前人工作的基础上编制了一份星表，其中列出了283个星官。不少星官的名称与帝王将相及其官名有关，如天大将军、太子、轩辕等；一些星官名颇为怪异，须经详细考证才能知其确切含义，如罗堰、辇道、渐台等。

中国古代还把天空分为三垣二十八宿，最早的完整文字记录见于《史记 · 天官书》。三垣是北天极附近的3个面积较大的区域：紫微垣、太微垣和天市垣。它们的划分并不太明确，紫微垣大致包括小熊、天龙、鹿豹、仙王、仙后、大熊、牧夫、猎犬、御夫等星座，太微垣涉及狮子、后发、室女、猎犬、大熊、小狮等星座，而天市垣则包括蛇夫、巨蛇、盾牌、天鹰、武仙、北冕等星座。

二十八宿大体上沿月球在天球上的运动路径(白道) 分布，又可分成四大星区，称作“四官”或“四象”，分别以动物名命名之，具体是：

东官苍龙，含角、亢、氐、房、心、尾、箕七宿；

北官玄武，含斗、牛、女、虚、危、室、壁七宿；

西官白虎，含奎、娄、胃、昴、毕、觜、参七宿；

南官朱雀，含井、鬼、柳、星、张、翼、轸七宿。

二十八宿中最大的为井宿，赤经跨度约33°，而最小的觜宿和鬼宿只跨及2°～4°。

星官与星座在划分方式上有一个重要的区别：星座由赤经、赤纬线严格界定，有确定的天区面积；星官主要由一些肉眼可见的亮星来标志，没有十分明确的范围。

天上"多胞胎"

银河系中有 1 000 多亿颗恒星，它们并非只是一盘散沙似的各不相干，而是表现出强烈的"群居"倾向，有相当多的恒星以双星、聚星甚至星团的形式出现。

在很长时间内，曾认为双星约占恒星总数的 50% 或更多。近期的观测研究表明，把很多暗星考虑进去后，银河系中的恒星约有三分之一是双星——这个比例还是相当高。而大的恒星集团——星团亦为数不少，可见恒星世界的集聚现象相当普遍。有趣的是，这些大小不等的恒星集团各自生成于同一块母星云，而且差不多是同时诞生的，把它们喻为恒星世界的"双胞胎"或者"多胞胎"颇为确切。

双星是最小的恒星集团。有一类双星，两颗星看上去靠得很近，但实际上一前一后相距甚远，只是因透视的缘故而表现为靠在一起，其间并无物理联系，它们被称为"光学双星"或"视双星"。真正的双星系统，是指两颗恒星的空间位置确实靠得很近，因引力作用而彼此互绕运动，它们又可称为"物理双星"，两个成员统称为"子星"，其中质量较大的一颗称"主星"，另一颗称"伴星"。

双星可细分为多种不同的类别。例如，借助望远镜或人眼可以直接分辨出两颗子星的目视双星，由恒星光谱观测探知的分光双星或光谱双星，等等。英国天文学家威廉 · 赫歇尔于 1779 年起开始系统搜索目视双星，并编制了第一份目视双星表。除目视双星外，其他类别双星即使用大望远镜观测也只是一颗星。如果双星中两子星靠得非常近，以至于一颗子星会影响到另一颗子星的演化经历，甚至彼此间会发生物质交流，便称为“密近双星”。双星，尤其是密近双星，对研究恒星演化具有特别重要的意义。

由3颗到10颗左右有物理联系的恒星所组成的恒星系统称为“聚星”，又可以按成员星的个数分为三合星、四合星等，系统中的每一颗星都是聚星系统的成员星。

成员星数超过10个以上的恒星集团通常称为“星团”，又可根据它们的物理特征，如外形、结构、年龄、分布及运动学状态等性质，分为疏散星团、球状星团以及后期确认的超星团等几大类。

疏散星团的外形较不规则，成员星个数较少，从几十颗到上千颗，质量通常不超过5 000倍太阳质量。疏散星团内成员星的分布较松散，直径大多数在6～20光年范围内，年龄一般不超过10亿年，最年轻的只有几百万年。疏散星团绕银河系中心的转动速度比较大，不同疏散星团之间的速度差异不甚明显，运动轨道平面与银河系对称面（银道面）的交角很小。已发现的银河系内疏散星团超过1 600个，有人估计总数可能会有4万个左右。

球状星团的外形较规则，包含的星数少则几千颗，多可达上百万颗，质量范围为3×10^4～3×10^6倍太阳质量。成员星在团内大致呈球对称分布，密度很高，近团中心部分往往无法分辨出单颗恒星，直径大多在130～500光年。球状星团离散分布于一

昴星团

个近似球形的空间范围内，不像疏散星团那样集中在银道面附近，年龄一般约为100亿年甚至更老。球状星团绕银心的转动速度小，但团与团之间的速度差异很大，运动轨道平面可以与银道面交任意角。银河系内球状星团的数目比疏散星团少得多，已发现的有150多个，总数不会比这个数字大很多。

超星团又可称为“大质量年轻星团”，年轻是相对于球状星团，而质量大则是相对于疏散星团。该类星团的部分性质接近疏散星团，另一部分性质又类似球状星团。年龄一般为几百万年，最老的也只有几亿年；质量通常大于3×10^4倍太阳质量，最大可达10^7倍太阳质量；半径最大可达65光年或更大些。超星团或是球状星团的前身，最终会演化成球状星团，不过对此还没有取得共识。

还有一类年轻的恒星集团称为“星协”，其结构比疏散星团更为松散，但尺度却要大得多，甚至可达650光年。星协和星团的一个最重要的区别在于，星团可以长期稳定存在，而星协是一些不稳定的恒星系统，年龄不会超过3 000万年，它们会比较快地瓦解而不复存在。

由不同类别星团的年龄可以推知，球状星团在银河系诞生之初就已形成，老年疏散星团即使存在过，大多也早已瓦解，超星团和星协必然是近期刚形成的。

曹冲称象与恒星质量

人们习惯用“小”来形容星星，其实无论从体积还是质量来说，恒星都是一些庞然大物。

恒星的质量很大，以物理学中常用的质量单位，如克、千克、吨来表示便显得很不方便，甚至使人不得要领。因此，在天文学中恒星的质量通常以太阳质量为单位来度量，1 倍太阳质量 = 2×10^{33} 克。恒星质量大小各异，其范围在太阳质量百分之几倍到 120 倍太阳质量之间，有的甚至更大。不过，大多数恒星的质量在 0.1 ～ 10 倍太阳质量范围内。可见，太阳是一颗中等质量的恒星。

那么，如何确定或者哪怕是估算出恒星的庞大质量呢？

日常生活中确认物体质量的计量工具是秤，如电子秤、天平秤、弹簧秤等。然而，不少质量用秤是秤不出来的。例如，当物体质量太小时，秤便无能为力，这时就需要“算”出它们的质量，分子、原子、电子等微观粒子的质量就是依据物理学规律算出来的。另外，要是质量太大，秤也是力所不能及。中国历史上三国时期就有“曹冲称象”的故事：大象有几吨重，无法用当时的秤来得知它的体重，而聪明的曹冲便根据水有浮力的原理，利用一艘船和一大堆石块“算”出了象的体重，众人为之而折服。

恒星质量是恒星的一个极为重要的物理参数，恒星的演化历程主要取决于它们的质量大小。但是，要想“算”出恒星的质量却颇为不易，迄今没有太多有效的方法，而其中最基本也是最为可靠的确定恒星质量的途径，是利用某些双星的距离和轨道运动参数（参见“天上‘多胞胎’”）。

德国天文学家开普勒在 1618 年发表了他的行星运动第三定律。该定律指出，对于任何一颗行星来说，它的公转轨道半长径 a 的立方与其绕日公转运动周期 p 的平方之比为一常数。用数学公式表示就是 $a^3/p^2 = GM_{\odot}/4\pi^2$，其中 $G = 6.67 \times 10^{-8}$ 厘米^3/（克 · 秒^2）为万有引力常数，$M_{\odot}$为太阳质量，而 π 为圆周率。

英国物理学家牛顿在提出万有引力定律的基础上，把开普勒第三定律更精确地修正为 $a^3/p^2 = G(M+m)/4\pi^2$，其中 M 和 m 分别为作互绕运动的两个天体的质量。如果用在行星绕太阳运动的情况，则 $M = M_{\odot}$，为太阳质量，而 m 为行星质量。要是这颗行星就是地球，那么就有 $a = 1.5$ 亿千米，也即日地平均距离（天文单位），而 $p = 1$ 年 $= 3.16\times10^7$ 秒，由此可算出 $M_{\odot} + m = 4\pi^2a^3/Gp^2 = 2\times10^{33}$ 克，其中 m 为地球质量。因为太阳质量 $M_{\odot}$ 要比地球质量 m 大得多，于是就可推知 $M_{\odot} + m \approx M_{\odot} = 2\times10^{33}$ 克，由此算出了太阳的质量。

现在进一步把公式 $a^3/p^2 = G(M+m)/4\pi^2$ 用在双星系统上。为方便起见，把公式中各个量的单位改为天文学上的常用单位，即 a 以天文单位（AU）为单位，p 以年为单位，而 M 与 m 则以 $M_{\odot}$ 为单位，这样一来开普勒第三定律便具有以下简单形式：$M + m = a^3/p^2$。以天空中最亮的恒星天狼星为例，它是一个双星系统，由实测得到 $p = 50$ 年，$a = 20$AU，于是不难得到 $M + m = 3.2M_{\odot}$，这就是天狼星两子星的总质量。

一切事物的运动都是相对运动，双星系统亦不例外。在上面的推理过程中是假定主星不动，而伴星绕主星运动。实际上主星和伴星都绕着双星系统的质心在运动，只是主星质量大，绕质心的运动轨道小，伴星质量小，绕质心的运动轨道大，而轨道半长径的大小与子星的质量成反比。实测表明天狼星主星和伴星的轨道半长径之比为 $1:2$，于是就有 $M:m = 2:1$。因为已经知道 $M + m = 3.2M_{\odot}$，故不难得出 $M = 2.2M_{\odot}$，而 $m = 1M_{\odot}$，这样就分别算出了天狼星主星和伴星的质量。

但是，能用于确定恒星质量的这类双星为数甚少，所以这种方法的应用范围十分有限，也不能用于确定单星的质量。

20 世纪 20 年代，英国物理学家和天文学家爱丁顿开创了关于恒

星结构的研究，更从理论上导出了恒星质量和光度之间的关系——质光关系。根据他的研究，许多恒星的光度 L 与恒星质量的 3.5 次方成正比，即 $L \propto M^{3.5}$。对于恒星来说，无论是单星还是双星，光度 L 是可以设法测出来的，而有了光度便可利用质光关系反过来算出它们的质量。

现在知道，大部分恒星都遵循相当确定的质光关系，不过对不同光度范围的恒星来说，质光关系中幂指数的数值有所不同。质光关系是大量观测的统计处理结果，由此确定的单颗恒星的质量不是太准确，只是一种估算，但对于涉及大量恒星性质的统计研究却十分有用。

恒星并非恒定不动

恒星，顾名思义即恒定不动之星星。英语中相应的名词是 fixed star，亦有“固定不动的星星”之意。然而，宇宙万物无不处于运动之中，恒星不应例外，可见古人取名为“恒星”或 fixed star 必有其道理。

运动和静止都是相对的，坐在行驶中的汽车里的人，会感到街道两侧的建筑物和电杆在向后退，但他相对这辆汽车却是静止的。类似的例子在日常生活中俯拾皆是。

古时候，人们发现，如果除去周日、周年视运动（参见“眼见未必为实”），夜空中绝大多数星星在几十年甚至更长时间内，相互间的位置似乎没有什么变化，仅有少数几颗例外。因此认为前者是不动的，称为“恒星”，后者是动的，称为“行星”。实际上，恒星也在运动，速度可达十几千米每秒或更高，只是由于它们的距离极其遥远而难以觉察到。

速度是矢量，包含了大小和方向。天文学上通常把恒星运动速度按两个方向分解，一个是沿观测者到天体的视线方向，另一个是与视线相垂直的方向。前者称为“视向速度”，后者称为“自行”。自行的观测效应是扣除周日和周年两种视运动后恒星天空位置的变化。视向速度是线速度，以“千米／秒”为单位，自行是角速度，以“角秒／年”为单位。如能知道恒星距离，则可由自行推算出相应的线速度，称为“切向速度”。

首先发现恒星有自行的是英国天文学家哈雷。1718 年，哈雷把若干颗亮星当时的位置与托勒玫星表上的位置作了比较后发现，它们的位置约有月球圆面直径(约为 0.5°)那么大的变化，而这就是这些恒星在约 1 500 年间自行运动的结果。

恒星自行的测量很简单：相隔一段较长的时间，测定同一颗恒星在天空中的位置并加以比较，就可确定它每年在天空中移动的角度，称为恒星的年自行。肉眼可见恒星的年自行大多小于 0.1″，而暗星的自行一般还要小。

自行虽小，但在漫长岁月中还是会使恒星间的相对位置发生显著变化。北斗七星构成的图案是人们所熟悉的，这 7 颗恒星的自行的大小和方向各不相同，在 10 万年前或 10 万年后它的形状和现在就完全不同。

恒星沿视线方向的运动使恒星远离或靠近地球，但不会改变它们在天空中的位置。视向速度测定需要应用物理学上的多普勒效应。以高速运动火车通过站台时汽笛声的变化为例，当它接近站台时汽笛声会变得比较尖(频率较高，波长较短)，而远离站台时汽笛声

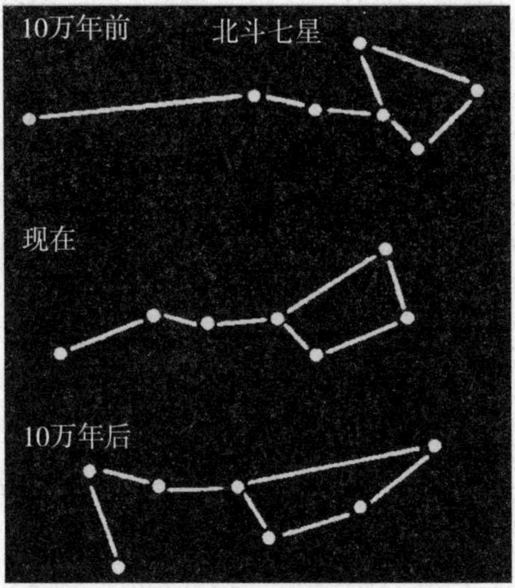

就比较粗(频率较低,波长较长)。如以 c 表示声速,v 为火车运动速度,λ_0 为声源(火车)静止时声音的波长,那么由于声源在运动,实际听到的声音波长 λ 与 λ_0 是不同的,这就是多普勒效应,利用 λ 和 λ_0 即可得出火车的运动速度 v。

光是一种电磁波,把多普勒效应用在星光的传播上,则 c 就是光速,v 是恒星视向速度。恒星光谱中会有一些吸收线,它们由恒星大气中的一些元素吸收恒星光辐射所造成,且一定的元素严格对应着一定波长的若干条吸收线。只要把恒星观测光谱与某种元素(比如铁)的实验室标准光谱相比较,就会发现恒星光谱中铁谱线的波长(运动光源波长 λ),与实验室中铁谱线的波长(静止波长 λ_0)是不同的,于是可由多普勒效应求得恒星的视向速度 v。

这里有两种情况:如恒星远离地球而去,$\lambda > \lambda_0$,观测谱线与静止谱线相比是向光波的红端(长波)方向移动,$v > 0$,称为"谱线红移";反之,当恒星接近地球时,$\lambda < \lambda_0$,观测谱线向光波的蓝端(短波)方向移动,$v < 0$,称为"谱线蓝移"。观测表明,如以绝对值计,约有 50% 恒星的视向速度不超过 18 千米/秒,约 80% 恒星的视向速度不超过 30 千米/秒。

已知自行最大的恒星是位于蛇夫座内的巴纳德星,年自行为 10.31″。即使是这样一颗大自行恒星,也得经过 170 多年才能移动月球圆面直径那么一段距离,无怪乎长时间内人们没有发现恒星的自行现象，以至把它们当成了恒定不动的星星。

太阳（以及附近恒星）以大约 220 千米／秒的速度绕着银河系中心转动，需经过约 1 小时 45 分时间才能移动自己直径大小一段距离。作为比较，一个中等身材的成年人，仅需不到 2 秒钟便可走过其身高那么大一段距离。太阳算不算动得很慢呢？

“脾气”欠佳的恒星

恒星也会发“脾气”，这听起来有点令人匪夷所思，不过少数恒星确实如此，有的还“脾气”挺大，这类恒星就是亮度会发生变化的“变星”。当然，“脾气大”实质上是指恒星物理性质的变异。变星的光变特性，包括亮度变化的幅度和规律性，可以有很大的差异。

变星可按两种方式进行分类。根据光度变化的规律性，可分为规则变星（周期变星）、半规则变星和不规则变星三类。规则变星的亮度变化很有规律，它们的光变周期——亮度由最高降到最低，然后再回复到最高所经历的时间——非常确定，且在每个光变周期内恒星亮度变化规律性相当稳定。若亮度变化很不规则，光变周期极不明显，那就是不规则变星。半规则变星介于上述两者之间，它们表现出有某种光变周期，但周期长度及亮度变化情况却颇不规则。

根据光变的原因，变星可分为脉动变星、爆发变星和几何变星三类。所谓脉动变星，是恒星本体（或说恒星表面）在不断作周期性膨胀和收缩运动，犹如脉搏的跳动，其观测效应是亮度周期性地增亮和减弱。脉动变星光变周期短的不到 1 小时，长者可达几百天甚至 10

年以上；光变幅度大者可达 10 个星等(参见“满天星斗知多少”),小的只有千分之几星等。

脉动变星及其特性可通过对恒星视向速度(参见“恒星并非恒定不动”)的测定来确认。观测任何一颗恒星,只能观测到它们的表面。因此,在脉动变星的实测视向速度中实际上包含了两种成分：恒星本体的视向速度,以及表面脉动引起的视向速度变化。在膨胀阶段,恒星表面朝着观测者运动,视向速度减小；收缩阶段时恒星表面远离观测者运动,视向速度增大。脉动变星视向速度的变化周期,也就是它的光变周期。

如恒星亮度在短时间内突然剧烈增大,则分类为爆发变星,它又可细分为超新星、新星和耀星等几类。光变幅度最大的是超新星,亮度在短时间内可增大几千万倍至上亿倍,一颗原本肉眼不可见的暗星,在几天时间内突然变为一颗耀眼的亮星,亮度有的竟超过金星,甚至白天肉眼都可看到,如 1054 年爆发的蟹状星云超新星。在大的星系中,平均每 250 ～ 300 年可能出现一颗超新星。银河系内最近一次超新星爆发是在 1604 年,开普勒对它进行了长时间观测,故又称“开普勒超新星”。

新星爆发时恒星亮度可以在几天时间内增亮几万倍,然后在几个月到几年内回复到爆发前状态。新星出现的机会比超新星多得多,如银河系内每年可观测到约 50 颗新星,不过有的星系平均每 2 年才能观测到 1 颗。

耀星是另一类爆发变星,亮度在平时基本保持不变,但会无规则地在几分钟、甚至几秒钟内突然增亮,经过十几分钟后又逐渐回复到常态。光变幅度一般为 1 个星等以下到几个星等,个别的会增亮 10 个星等以上,这类变星较为普遍地存在。

上述两类变星的亮度变化,是因为星体自身物理性质发生变化,故又合称为“物理变星”。几何变星与之不同，其亮度变化并非源自恒星物理性质的变化，而是起因于某种观测效应。如有一个双星系统，子星的运动轨道恰好与观测者视线方向位于（或者接近）同一平面，这时即使无法分辨出两颗子星，也可以觉察到它们在运动过程中出现的相互交食现象：双星的总亮度会发生很有规律的变化。这类变星在一个光变周期内通常会出现 2 次亮度下降，大的子星掩去小的子星时双星总亮度显著降低，表现为光变曲线上的主极小，而当小子星遮着大子星之一部分时总光度的降低较不明显，表现为光变曲线上的次极小。这类变星称为“食变星”，但并非真正意义上的变星——子星光度并未发生变化，更恰当的称呼应该是“食双星”。

对爱好者来说，要想探测到变星之亮度变化需作仔细的观测。例如，在不同的夜晚把目标恒星与附近若干其他恒星的亮度加以细致比较，并坚持一段较长的时间后，才能发现目标星亮度是否有变化，以及变化的幅度和规律性。至于爆发变星，除非专业天文机构及时发布相关信息，否则只能碰运气了，“翘首以待”几乎毫无用处。

量天标尺

“天”是什么？一方面，在公众心目中，“天”非常崇高，乃至深奥莫测，由此产生并流传了许多与“天”有关的神话故事乃至诗篇；另一方面，伪科学和迷信说则往往用“天”来提高自身的地位，迷惑、吓唬大众，以更好推销自己的胡言乱语。在天文学上，“天”即宇宙，是天文学的研究对象，而且只能限于现代科学能力所及的所谓“可观测宇宙”。

那么“天”有多大？或者说“可观测宇宙”有多大呢？

天体绝大部分离地球非常远，只能通过实测来探究它们的各方面性质，为此首先需要测定其距离，否则其他性质的确认便无从谈起。天体距离实在是太远了，一些常用的测距方法对之毫无用处，天文学家不得不另辟蹊径，以解决远至100亿光年（约1 000万亿亿千米）之外天体的距离测定问题，并取得了很大的成功。在众多测距方法中，应用最为广泛的是“光度测距法”。为说明该方法的原理，先要引入两个基本概念——秒差距和绝对星等。

秒差距是天文学专用的距离单位。恒星离太阳越远，恒星对地球公转轨道半径的最大张角 θ 就越小，定义当 $\theta = 1''$ 时恒星的距离为1秒差距，1秒差距＝3.26光年。如果说光年是一种物理学距离单位，那么秒差距就是一种几何学距离单位，在天文学专业研究工作中，秒差距比光年用得更为广泛。

天文学上亮度常用视星等 m 来表征，而光度则常用绝对星等 M 来表征。所谓“绝对星等”，是指设想把天体放到10秒差距远处所观测到的视星等，如太阳的绝对星等为4.83等。根据绝对星等的定义，如恒星的距离为 r，则有 $m - M = 5\lg r - 5$（r以秒差距为单位）。

对光度为 L 的恒星来说，观测亮度 B 与光度 L 和距离 r 有关，它们之间存在简单关系：$B = kL/r^2$，其中 k 是比例常数，可见恒星的亮度与距离平方成反比。同样光度的恒星，距离越远亮度越小，看上去越暗。恒星亮度 B 是可观测量，如又能设法求得光度 L，则不难确定距离 r，这就是光度测距法的基本原理，所确定的距离称为“光度距离”。

那么，在距离未知的情况下又如何得知恒星的光度呢？这就要用到造父变星了。

造父变星是脉动变星中的一种，因第一颗发现的此类变星中文名“造父一”（学名“仙王座 δ”）而得名。造父变星的光度变化非常有规律，在确定周期内光度从最小增亮到最大，然后再回复到最小，周而复始，而且有确定的光变特征。造父变星的最重要特性是变星平均光度越大，光变周期就越长，称之为“周光关系”，由美国哈佛大学天文台女天文学家勒维特于 1912 年首先发现。

周光关系的数学表达式是 $M = a\lg P + b$，其中 P 是变星光变周期，a 和 b 是两个常数。只要对某颗造父变星进行一段时间的观测，便可以得知它的光变周期 P，于是由周光关系可求得绝对星等 M。再利用另一个可观测量——恒星视星等 m，由公式 $m - M = 5\lg r - 5$ 便可推算出变星的光度距离 r。由于造父变星的光度随时间而变，这里凡涉及其光度 L、绝对星等 M 和视星等 m，都是指一个光变周期内的平均值。

沿着这条思路确定变星的距离有一个前提，那就是必须事先知道常数 a 和 b 的具体数值。为此，需要通过别的方法先求得一些造父变星的距离 r，然后由关系式 $m - M = 5\lg r - 5$ 得出这些变星的绝对星等 M，再进而利用变星的周光关系 $M = a\lg P + b$，按统计方法确定常数 a 和 b 的具体数值，这一过程称为对周光关系进行定标。

由造父变星测定的光度距离精度相当高，而且在测定同一星系距离的诸多方法中，往往以造父变星得出的结果最为可靠，因而被天文学家誉为“量天尺”。造父变星用于天体测距不仅在历史上享有盛誉，即使在今天仍然有着十分重要的作用。

造父变星有着非常确定的周光关系，它们特有的光变性质使之很容易从众多恒星中得以证认而不致误判。不仅如此，它们的光度非常大，即使在相当远距离的地方也能观测得到，而且比较普遍地存在，适用范围最远可超过 1 500 万秒差距，约等于 5 000 万光年。对于银河系外的远距离星系来说，只要证认出其中的造父变星，便可推知星系的距离。

测定比 5 000 万光年更远天体的距离，造父变星就鞭长莫及了，天文学家还得另外想办法。

顶级恒星灾变

如果说变星是会要“脾气”的恒星，那么恒星中“脾气”最大的要算超新星了。“新星”和“超新星”都属变星，它们从肉眼不可见的暗星，在短时间内变成亮星，古人因不知其所以然而误认为出现了一颗新的星星，故取名为“新星”，其中特别明亮者称为“超新星”。实际上超新星根本不是什么新诞生的星，恰恰相反，它们是一些处于濒死期的恒星，超新星爆发犹如恒星临终前的“回光返照”。

中国史书《宋会要辑稿》中有这么一段记载：“至和元年五月晨出东方，守天关，昼见如太白，芒角四出，色赤白，凡见二十三日。”经考证，这是北宋仁宗至和元年由当时的司天监观测人员所记录的一次特殊天象。这次天象出现的时间是公元 1054 年 7 月 4 日清晨 4 时左右，位置在天关星附近。上述记载的主要内容是说，那天清晨，天关星附近突然出现了一颗亮星（中国古书中称“客星”），它像金星般明亮，白天都可看到，明亮状态共延续了 23 天。客星最终于 1056 年 4 月 6 日消失，距发现之日计有 643 天。这段时间内朝廷司天监人员详细记录了客星的位置、颜色和亮度变化，后人把这颗客星称为“天关客星”。

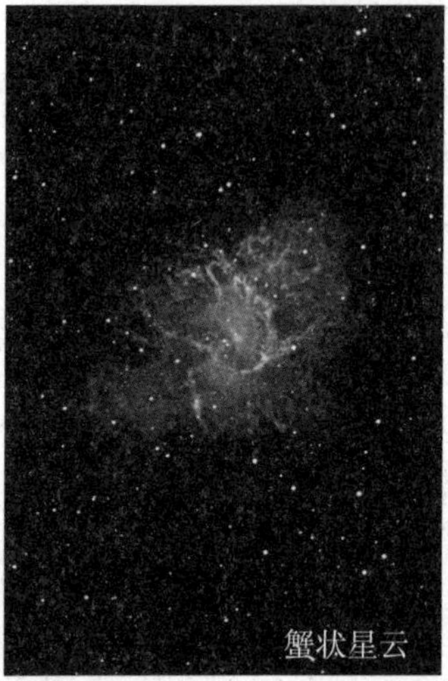
蟹状星云

1731年，英国的一位医生、天文爱好者贝维斯首次用小望远镜观测到后来被称作“蟹状星云”的椭圆状模糊云斑。1844年，英国天文爱好者罗斯观测到了星云的纤维状结构，经过几十年的仔细观测，并根据目视观察的印象，于1850年给它取名为“蟹状星云”。

自照相术用于天文观测以来，早期拍摄的天体照片便成为宝贵的历史资料。1921年，美国天文学家邓肯对相隔12年的两张蟹状星云照片作了仔细的比较研究，发现这段时间内蟹状星云居然变大了。随着资料的积累，1928年美国天文学家哈勃估计了星云的膨胀速度，以这一速度回推，发现蟹状星云产生于约900年前的一次超新星爆发，发生地点恰好在上述天关客星附近。1942年，荷兰天文学家奥尔特与荷兰一位汉学家合作研究，最终确认蟹状星云正是1054年超新星爆发的产物。目前，蟹状星云中的气体正以1 500千米每秒的速度继续向外膨胀。

恒星演化过程与人类历史相比实在是太漫长了，地球人很难观测到恒星演化的直观景象。所以，当蟹状星云与超新星的关系被确认后，天文学家极为兴奋，这可算是有史以来人类亲眼观察到的恒星演化实例，蟹状星云和天关客星因而名声大振。

那么，何谓超新星呢？恒星诞生后便进入演化阶段，并依靠内部核反应发光、发热。恒星质量越大，核燃料也越多，燃料消耗得也更快，演化过程就越迅速，因而寿命就越短。比如，像太阳这样的恒星，“壮年”时期的寿命约为100亿年，以后便渐而“衰老”直至“死亡”。

大质量恒星的寿命只有几千万年甚至更短，小质量恒星的寿命可长达几千亿年甚至更长。恒星的最终归宿可以是白矮星、中子星或黑洞。

演化晚期恒星处于一种不稳定的状态，且越来越不稳定。最终，它会发生一次或数次极其猛烈的爆炸，外层物质高速向外抛出，并与内部分离开来。对于质量比太阳大很多的恒星来说，就会意味超新星爆发。这是恒星世界中最为剧烈的爆发现象，恒星结构随之发生根本性变化，在中央留下一颗白矮星或中子星，甚至会使恒星炸成一片“灰烬”。超新星爆发时，恒星亮度会增强千万倍甚至上亿倍，光度达太阳光度的 $10^7 \sim 10^{10}$ 倍，释放出 $10^{40} \sim 10^{45}$ 焦能量。当年天关客星“昼见如太白”，正是超新星爆发的结果。

银河系内有历史记载的超新星爆发仅有 7 次，如 1572 年的第谷超新星和 1604 年的开普勒超新星等，不过像蟹状星云那样近乎完美的样品只有 1 个，这也正是人们特别看重蟹状星云的原因。河外星系中也会发生超新星爆发，达到极大光度时非常明亮，即使距离远至 100 亿光年也能观测到。

超新星爆发时所释放的能量是太阳在迄今 50 亿年寿命中释放能量的总和的 2 倍，由此足见这类恒星世界最剧烈灾变事件的威力之巨大！

白矮星的发现

天体演化理论指出，中等质量恒星的最终归宿是白矮星。这是一种体积小、密度大的蓝白色低光度恒星，表面温度很高，直径仅为前身恒星的几十分之一到百分之一，乃恒星世界中的“侏儒”，于是被冠名为白矮星。白矮星质量的上限为1.44倍太阳质量，系印度裔美国天文学家钱德拉塞卡最早提出。据说，上述证明是1930年7月钱德拉塞卡在从印度赴英国学习的轮船上推导出来的，当年他只有20岁。由于在有关天体物理理论研究上的重要贡献，钱德拉塞卡于1983年获诺贝尔物理学奖。

在钱德拉塞卡理论工作之前，人们已通过实测发现了这种密度奇高的“小个子”恒星，而故事与夜空中全天最明亮的恒星天狼星有关。天狼星（大犬座α）的视星等为−1.46等，绝对星等为1.43等，光度比太阳大20多倍。

在较长时间段内，恒星自行运动轨迹（参见“恒星并非恒定不动”）应是一条直线。然而早已有人注意到，天狼星的自行轨迹却是一条规则的波形曲线。1844年，德国科学家贝塞尔对此给出了合理解释：天狼星并非单星，而是一个双星系统，它有一颗质量不太小但当时未能观测到的暗伴星。天狼星（天狼A）和它的伴星天狼B都在绕着双星系统的质心运转，于是天狼星的自行轨迹便呈现为波形曲线。

1862年1月31日，美国天文学家克拉克父子无意间观测到了这颗暗伴星，视星等为8.44等，亮度只及天狼星的万分之一。这一发现证实了18年前贝塞尔的预言，是时并无盛名的克拉克父子因此名扬四海，并获得了法国科学院的奖章。

后续研究表明，天狼B的质量与太阳差不多，约是天狼星质量的一半，直径约1.2万千米，略小于地球，密度约3.8×10^6克/厘米^3，或说高达每立方厘米3.8吨，是一颗典型的白矮星。

发现天狼B是一颗白矮星的故事最为出名也许与天狼星的大名有关，但从时间上来说它是第二颗被发现的白矮星。第一颗被发现的白矮星是恒星波江座40的伴侣波江座40B。波江座40是一个三合星系统，其中密近双星波江座 40B/C 绕着主星波江座 40A 运转，为英国天文学家威廉·赫歇尔于 1783 年 1 月 31 日所发现。1917 年，丹麦天文学家范玛宁在双鱼座中发现了第三颗白矮星——范玛宁星，这是第一颗不属于双星或聚星系统的单颗白矮星。美国天文学家卢伊藤于 1922 年首先引入了“白矮星”这一专用名词，并因英国天文学家爱丁顿的认可而被广泛采用。

恒星一生中的大部分时间内，能量来自核区氢的热核反应，这一阶段的恒星称为“主序星”。一旦核区氢燃料消耗殆尽，氢的热核反应便在核区周围一个薄的壳层中进行。随着壳层渐而向外区燃烧开去，星体外层因受到加热而急剧膨胀，表面温度随之下降。从外部看去，恒星变得又红又大，这就是红巨星，总光度比主序星阶段大大地增高。

红巨星阶段恒星处于一种不稳定状态，且越来越不稳定。最终，它会因某种原因发生一次（或数次）极其猛烈的爆炸，把外层物质高速抛出而与内部脱离。如果剩余部分星体质量小于 1.44 倍太阳质量，则恒星演化为白矮星。太阳的红巨星阶段约为 10 亿年，而从红巨星演化为白矮星仅需几万到几十万年时间。在这么一段不长的时间内，星体直径减小为原来的几千分之一，密度增大 100 亿倍以上。

有人从观测资料估计，白矮星的数目应占银河系恒星总数的 3% 左右，而理论上的推算结果是这一比例可能高达 10% 左右。不过，因白矮星光度很低，已发现的都是一些近距离天体，太远就看不到了。

白矮星的质量与太阳相近，而“个子”却与地球差不多，故物质密度非常大，可达 0.1 ～ 10 吨 / 厘米^3，是一种高度致密的天体。白矮星内部已不再有热核反应，随着星体余热的逐渐释放，表面温度和光度会不断降低，进而缓缓地变为红矮星以至黑矮星，那时就更难观测到了。

原子弹和中子星

原子弹是一种大规模杀伤性武器,中子星是一类密度极高的恒星级天体,这两样原本看来互不相关的事物却有着一个交集,那就是犹太裔美国物理学家奥本海默。

奥本海默在第二次世界大战期间是美国“曼哈顿计划”的主要领导人之一,该计划的目的是制造原子弹。1942 年,主持美国政府“曼哈顿计划”的格罗夫斯将军不顾他人反对,任命奥本海默为实施“曼哈顿计划”的美国洛斯阿拉莫斯国家实验室主任。这个新的实验机构在 1943 年 4 月成立之初仅有几百名科学家,但迅即发展成一个拥有 6 000 名专家的“秘密之城”。27 个月以后,实验室在奥本海默的领导下,成功制造出世界上第一颗原子弹,而奥本海默本人也因此而被誉为美国的“原子弹之父”。在第二次世界大战结束后的 1954 年 5 月,因他反对美国率先制造氢弹等主张与艾森豪威尔政府的国策相左,以莫须有的罪名被起诉,甚至怀疑他是苏联的代理人。这一轰动一时的案件结束了奥本海默的从政生涯和借助原子能寻求国际合作与世界和平的政治理想。1967 年奥本海默去世,是年 62 岁。

奥本海默不仅与早期原子弹发展史联系在一起,而且为天文学上中子星概念的建立作出了重要贡献。

1932 年,英国物理学家查德威克发现了不带电的重子——中子。同年,苏联物理学家朗道从理论上指出,宇宙中有可能存在主要由中子组成、物质密度极高的恒星,可算是关于中子星的最早科学预言。

1934 年，德国天文学家巴德和瑞士天文学家兹维基指出，超新星是恒星演化晚期表现出的一种天象，其最终结果是形成由大批中子密集在一起的中子星，正式提出了关于中子星的假设。1939 年，奥本海默等人通过详细计算，建立了第一个中子星模型。

根据预言，中子星直径只有几十千米，质量比太阳还大，物质密度高达 10^{15} 克 / 厘米 ^{3}，比白矮星密度大 1 亿倍！正因为如此高的密度令人难以置信，几十年时间内很少有人予以认真关注，被贬低为只是一种异想天开的物理游戏。有人甚至挖苦式地问道：“究竟有多少个天使能在中子星上跳舞？”如果说 400 年前有人拒绝使用伽利略的望远镜只是出于无知，或者是困于对先哲亚里士多德的盲目崇拜，那么当年对中子星科学预言的普遍性冷淡实在是事出有因——它的性质太令人匪夷所思了，除非能找到中子星。

科学史上的一些重大发现，除科学家的聪慧头脑和辛勤劳动外，有时也需要一定的机遇。

英国剑桥大学在 1967 年开展了一项射电观测计划，内容包括计算有射电辐射的天体——射电源的大小。计划由天文学家休伊什负责，女研究生贝尔担任助手，贝尔每天需人工分析 30 米长的记录纸带。细心的贝尔在不到 1 个月时间内发现了一个奇怪而又极具规律的闪烁射电源，它每隔 1.337 秒准确发出一个周期性射电脉冲。翌年初，休伊什和贝尔在对长达 5 000 米记录纸带作了详尽分析后认定，他们发现了一种新型天体。这类天体的射电辐射沿着它的磁轴（南北磁极的连线）发出，具有强方向性；自转速度极高，但自转轴与磁轴不相一致。对上述射电源来说，自转周期为 1.337 秒，于是射电源的辐射每隔 1.337 秒扫过地球一次而被观测到。辐射扫过地球的时间十分短暂，观测效果便表现为一种周期性出现的窄射电脉冲，因而被命名为脉冲星。

脉冲星自转速度太快了，即使物质密度很高的白矮星以这种速度自转的话，强大的离心力会很快使星体“土崩瓦解”。脉冲星之真相不久便告破解，它们应该就是30多年前科学家所预言的密度远远高于白矮星的中子星。鉴于这一重大发现，1974年瑞典皇家科学院把诺贝尔物理学奖授予天文学家休伊什。

人们对白矮星的认识是先有观测事实，然后随着理论的发展才对此类天体的物理特性作出正确解释。中子星的情况与之相反，即先有理论预言，然后才为观测所证实。

太空中最自私的怪物

“黑洞”这一天文学名词现经常被媒体所引申、应用，甚至公众都知晓黑洞乃是一种无底洞，常用以形容贪婪者的欲壑难填。事实上，天文学上的黑洞确实具有此类性质。

晚期恒星在抛出外层物质的同时，剩余部分星体在自身引力的作用下向内坍缩，这一过程以星体达到新的平衡态而终结，并形成白矮星。但是，当白矮星质量超过钱德拉塞卡极限时，恒星演化不会终止于白矮星这种平衡态，而是继续坍缩下去，直至形成中子星（参见“原子弹和中子星”）。

然而，中子星也有一个2～3倍太阳质量的上限，称为“奥本海默极限”。如星体质量超过这个上限，坍缩过程不会以中子星而终止，它会一直不断地坍缩下去：星体变得越来越小，物质密度越来越高，而星体的引力渐而增强，最终引力之大使一切粒子都不能向外逸出，其中包括光子。既然光子不能逸出，外部世界便观测不到这颗恒星，于是便成了一个黑洞。黑洞是一种真正的“无底洞”，它“只进不出”，任何进入其“势力范围”内的物质和辐射都会被它吞噬掉。黑洞边界就是外部世界观测者视线所不能及的范围，亦称“视界”，视界的半径称为“引力半径”。1 倍太阳质量黑洞的引力半径只有 2.9 千米，密度高达 2×10^{16} 克 / 厘米 ^{3}，是中子星密度的 20 倍！

英国人米歇尔于 1783 年首先提出可以存在质量足够大、密度足够高的恒星，其引力之强能使光线不能从星体逸出。不久，法国科学家拉普拉斯根据经典理论预言，宇宙中可能存在黑洞。他认为，一旦天体的引力足够大，以至天体表面的逃逸速度大于光速，则发出的光子就会被天体引力拽回来，外界便无法观测到这个天体。这就是最初关于黑洞的概念，不过当时称为“暗星”。拉普拉斯指出：“一个密度类似地球、直径为太阳 250 倍的发光恒星，在其引力的作用下，将不容许它的任何光线到达我们这儿。”1796 年，拉普拉斯还导出了此类“暗星”的质量与半径之间的关系。后来由于光的波动说出现，拉普拉斯对自己的“暗星”概念产生了怀疑。1939 年，奥本海默等人从广义相对论出发证明黑洞可在一定条件下存在，且与拉普拉斯的结果相一致。

1967 年中子星被发现后，“暗星”很快成为研究热点。同年，美国物理学家惠勒给这种“暗星”取名为黑洞。实质上，黑洞并非黑色之物，更不是什么“洞”，它们是一类具有封闭视界的天体，外部物质和辐射能进入其视界之内，但视界内的任何物质和辐射都不可能向外逸出，于是有人便戏称黑洞是“太空中最自私的怪物”。

视界把外部世界与黑洞内部隔离开来，没有信号能够越出视界，外部观测者永远无法得知黑洞内部在发生些什么。黑洞物质全部集中在位于中心处的所谓“奇点”处，而奇点与视界之间则完全空无一

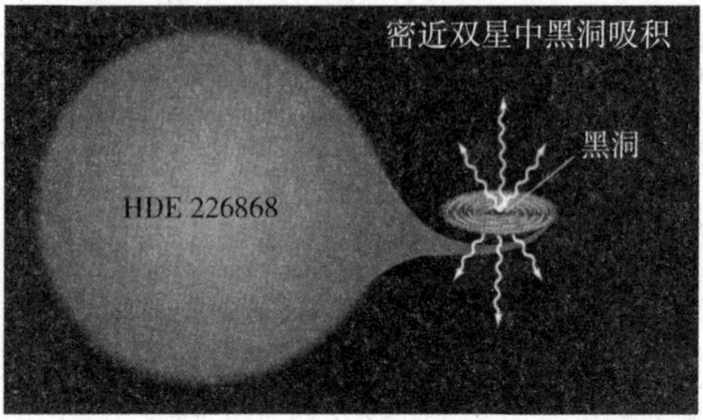

物。奇点的尺度为无限小，物质密度为无限大，一般的物理学定律在奇点处失效，这有点像分母为零时的分数在数学上无法处理的情况。

黑洞无法直接观测到，不等于说没有办法探测到它们的存在，办法之一是利用双星。如果双星系统中一个是黑洞，另一个为普通恒星，那么通过对后者的监测，有望发现不可见伴星存在。如果伴星质量超过奥本海默极限，它很可能就是一个黑洞，或者较为谨慎的说法是“黑洞候选天体”。

如果是密近双星系统(参见“天上‘多胞胎’”)，那么由普通恒星发出的粒子所构成的恒星风在经过黑洞附近时，会被黑洞俘获并绕之旋转，在其周围形成一个气体盘。盘中气体越靠近黑洞转得越快，气体便会相互发生摩擦并向黑洞内落，最终被黑洞“吞食”。这一过程中气体温度可升至 200 万摄氏度或更高，并发出 X 射线。一旦探测到密近双星会发出 X 射线，不可见伴星之质量又明显超过中子星质量上限，它就可能是黑洞了。著名的黑洞候选天体天鹅座 X-1 就是这样判定的，它的伴侣是一颗超巨星。天鹅座 X-1 的 X 射线强度还会在不到千分之一秒时间内突然增大十几倍，这意味着光线通过它所需的时间必定小于千分之一秒，它的尺度应该不到 300 千米。否则，因天体不同部位发出的辐射到达地球时间的不同，地球上就不可能观测到如此快速而又清晰的光变，上述推论亦可作为天鹅座 X-1 可能是黑洞的一项佐证。

颇为复杂的地球运动

由于运动的相对性，要说清楚地球的运动还真不容易，除人们所熟知的地球有自转和公转外，还要涉及太阳在银河系内的运动，甚至需进一步顾及银河系在宇宙空间中的整体运动。

如果不考虑自转速度的不均匀性，地球自转的情况就比较简单。地球以一天为周期绕轴自转，赤道上的自转线速度最大，略大于460米／秒，而南北两极处的自转速度为零。

常说地球公转轨道是一个椭圆，公转运动周期是1年，而日地平均距离为1.496亿千米，由此可知地球公转的平均速度接近30千米／秒，这个数字要比赤道上的地球自转速度大60多倍。考虑到这一点，可以认为地球上不同地点的绕日公转速度并无多大差异。

地球有一个质量不算太小的卫星——月球，它与地球构成了地月系统。通常说月球绕地球公转，实际上地球和月球都绕着地月系统的公共质心在转，它们永远处于系统质心两侧方向相反的两个位置上。地球的质量约是月球质量的81倍，地月系统的质心实际上位于地球的内部，地球绕该质心的运动轨道要比月球小得多。这个质心绕太阳的公转轨道为一椭圆，地球的公转轨道严格说来并不是椭圆，而是某种形式的波纹曲线，但如果按比例作图的话，与椭圆的差异是根本看不出来的。

太阳位于银河系内，离银河系扁平状主体（称为“银盘”）的对称平面（称为“银道面”）不远，距银河系中心约2.6万光年。银河系尺

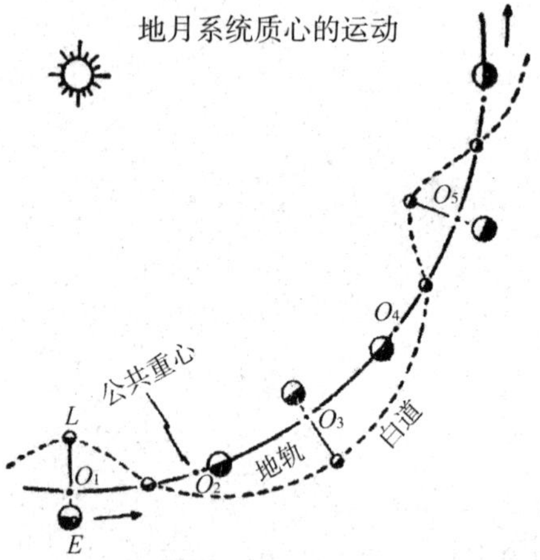

度约为10万光年,其中包含了1 000多亿颗恒星及其他类别天体。所有银河系天体都绕着银河系中心转动,但具体情况因恒星而异:有的速度较快,方向与银道面大致平行,太阳即属此类;有的速度较慢,方向并无规则。

太阳带着太阳系全体成员在银河系内绕着银河系中心运动,因而地球必然也参与这一运动。这种运动又可看作是两个运动成分的合成,一个是太阳随着附近的恒星群一起,绕银河系中心作圆轨道运动,轨道平面与银道面近乎重合,速度约为220千米/秒。别看这个速度好像很快,超过地球公转速度的7倍,但转过一整圈需要长达2亿多年的时间,自太阳诞生以来,地球随着太阳绕银河系中心只转了20多圈。另一个成分是太阳相对附近恒星群的运动,称为“太阳本动”,运动速度约为20千米/秒,方向朝着距织女星不远的地方,而地球同样也参与太阳的这一运动。

银河系是宇宙中上千亿个星系中的一员,它与附近大小不等的几十个星系组成了一个很大的星系集团,称为“本星系群”,尺度约为650万光年,银河系和仙女星系是其中两个最大的成员。在万有引力的作用下,本星系群内部各个成员星系之间存在着相对运动。具体运动状况相当复杂,如银河系与仙女星系约以120千米/秒的速度相互不断接近,而太阳相对本星系群质心的运动速度则高达310千米/秒。包括地球在内的太阳系全体成员必然参与这些运动。

在更大的范围内,本星系群又进而与大约50个不同的近邻星系集团构成了一个更大的超级恒星系统，这就是“本超星系团”。包括太阳（因而地球）在内的银河系全体成员都要参与本超星系团的内部运动。银河系绕本超星系团中心转动一周约需要1 000亿年，银河系自诞生以来大约只转过了十分之一周。

根据大爆炸学说，宇宙一直处于不断膨胀之中，其结果是宇宙的基本组成单元——星系之间的距离在持续拉大，星系在不断地相互远离，其中自然包括银河系。从这一点上来说，太阳及地球也参与了宇宙的整体膨胀运动。

由以上讨论可知，地球在宇宙空间中的运动情况是相当复杂的。不过，天文学家根据日心说和牛顿引力理论对太阳系天体运动状态的认识仍然是正确的。无论是预报日月食或地内行星凌星之类天象的细节，还是为探测各类太阳系天体而设计的宇宙飞船的正确运行轨道，都只需考虑太阳系主要天体之间的引力作用，以及由此确定的太阳系内天体的相对运动就够了，无须进一步考虑超出太阳系范围的种种复杂运动成分，因为后者并不影响到太阳系内天体的相对运动。

银河系中心在哪里

任何物质系统都有一个质量中心（质心）。对于太阳系来说，由于太阳质量占太阳系总质量的99.8%，所以太阳系质心位于太阳内部距太阳中心不远的地方。银河系的结构比太阳系复杂得多，找到银河系中心就要比确定太阳系中心来得困难。

从大的方面来看，银河系由银盘、核球、银晕和暗晕四部分组

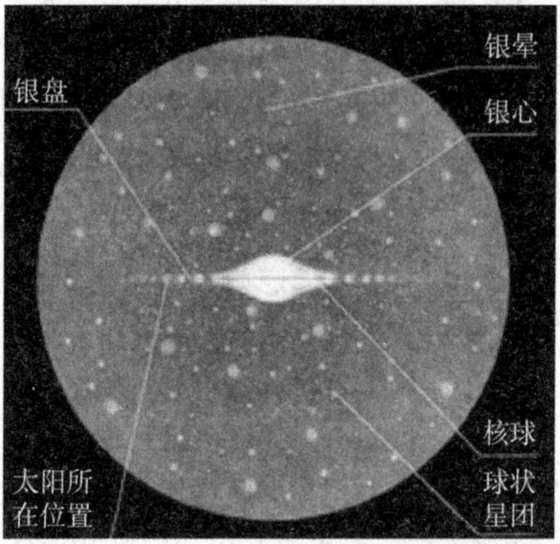

成。除暗晕外，银河系85%～90%的质量集中在扁平、圆盘状的银盘内，这是银河系的主体。银盘直径约8万光年，厚度由内向外递减，太阳附近银盘的厚度约为3 300光年。

早期认为核球是位于银盘中央一个略扁的旋转椭球形恒星密集区，尺度为1.3万～1.6万光年。后来的一些研究表明，核球呈长条状的三轴椭球形，称之为棒，因而银河系是一个棒旋星系，而不是长期以来所认为的普通旋涡星系（参见“河外星系花样十足”）。

在银盘范围之外，是一个由稀疏分布的恒星组成的球状区域，称为“银晕”，直径约10万光年。在银晕之外还存在着一个更大范围的球形的物质分布区，这就是暗晕，其主要成分是暗物质（参见“看不见的物质”），直径可能是银晕的10倍。尽管暗晕的物质密度很低，但因为范围很大，该成分的质量可能达到银河系其他部分质量总和的10倍，不过对此尚未有定论。

显然，鉴于银河系各组成部分的对称性，银河系中心应该位于核球（棒）中心或中心的附近。

理论上说，银河系中心应该是指银河系的动力学中心，也就是质心。但是，为了实测和研究工作的需要，这样的中心应该借助某个具体的天体来体现，该天体可称为“银心的示踪天体”。现代天文研究表明，位于人马座方向的致密射电源Sgr A* 和红外源IRS16与银河系动力学中心之间的距离大致不会超过1秒差距，可合理取为银心的示踪天体。方向一旦确定，剩下的问题就是测定太阳到银河系中心的距离，或者说太阳银心距 $R_{\odot}$。

测定天体的距离是天文学中最重要的问题之一，为此天文学家想出了多种不同的方法，太阳银心距 $R_{\odot}$ 的测定也是如此。从基本原理上看，这些方法可以分为绝对测定、相对测定和间接推算三大类。

第一个测定太阳银心距的天文学家是美国人沙普利。1918 年，沙普利指出银河系内众多的球状星团应该相对银心作球对称分布。在这一前提下，他根据 69 个球状星团的空间位置估算 $R_{\odot}=13$ 千秒差距。尽管这一结果现在看来很不准确，但它推翻了威廉·赫歇尔关于太阳位于银河系中心的陈旧观念，对太阳银心距的测定具有里程碑式的意义。

2002 年，有人发现一颗大质量恒星 S2 绕着 Sgr A* 沿偏心率很大的椭圆轨道运动，轨道周期约为 15 年。S2 与 Sgr A* 构成了一个"双星"系统，在坚持了 10 余年的观测后，天文学家利用解算双星轨道的途径，推算出 $R_{\odot}=7.6$ 千秒差距。这是一种有代表性的绝对测定结果。

相对测定方法类似于利用造父变星测定天体的光度距离（参见"量天标尺"）。能用来测定距离的天体可称为"标距天体"，如造父变星即是一类常用的标距天体。在太阳银心距的测定工作中，除造父变星外，更多的是用了其他类别的标距天体，如天琴座 RR 型变星、蒭藁型变星、盾牌座 δ 型变星等，近期得出的综合结果为 $R_{\odot}=8.1$ 千秒差距。

无论绝对测定或者相对测定，都要求被观测对象位于银河系中心附近。与之不同的是，应用间接推算法时的观测对象可以远离银河系中心，不过需要用到不同类别被观测天体的运动学资料和银河系的理论自转模型。近 10 多年来，由这条途径所得到的太阳银心距

为 $R_{\odot}=8.0$ 千秒差距。

联合以上三种方法，可得出太阳银心距的综合结果为 $R_{\odot}\approx 8.0$ 千秒差距。

一个有趣的现象是，$R_{\odot}$ 的测定值有随时间逐渐减小的趋势：1918 年沙普利的估值为 $R_{\odot}=13$ 千秒差距，1964 年太阳银心距的国际采用值为 $R_{\odot}=10$ 千秒差距，1985 年这一数字减小为 $R_{\odot}=8.5$ 千秒差距，到 1993 年更减小为 $R_{\odot}=8.0$ 千秒差距，此后并未有明显的变化。

随着更多新观测资料的取得，天文学家仍将会通过不同途径对太阳银心距作新的测定。不过也许可以预期，未来的 $R_{\odot}$ 测定值不大可能会出现太大的改变。

绚丽多姿的星云

银河系内，除恒星外还存在着另一类与恒星完全不同的物质形态，那就是由气体和尘埃构成的密度极低的星际弥漫物质。如不考虑暗晕，星际物质的总质量占银河系质量的 3% ～ 5%。星际物质充满了恒星之间的星际空间，故又称“星际介质”，它们在银河系中的分布很不均匀，有的地方含量少，密度也低，而有的地方则可高达 10% ～ 15%。

这类弥漫物质的密度各处不一样，大致在 $10^{-20}\sim 10^{-25}$ 克 / 厘米 ^{3} 范围内，平均密度为 10^{-23} 克 / 厘米 ^{3}。作为比较，在零摄氏度和一个标准大气压下，地球表面大气密度为 1.3×10^{-3} 克 / 厘米 ^{3}，大于星际介质平均密度的1万亿亿倍；恒星中密度最低的红巨星之平均密度为10^{-8}克／厘米^3，是星际介质平均密度的1 000万亿倍，可见星际介质之稀薄简直无法想象。

有相当一部分星际介质集聚成密度相对较高的弥漫状星际气体尘埃云——星云。与恒星相比，星云的亮度较为暗弱，外形比较模糊而又不规则，但尺度远大于恒星。人们必须通过望远镜观测才能窥视星云之真貌。

星云并不只限于弥漫星云，行星状星云和超新星遗迹亦属星云之列。因此，从分类学上来看，银河系星云共有三大类。

就观测表象而言，弥漫星云可分为亮星云和暗星云；而从发光机制来说，其中的亮星云又包括发射星云和反射星云两类。如果星云因附近高光度恒星的辐射激发而发光，则称为“发射星云”，而反射星云只是因星云中的尘埃微粒反射邻近恒星星光而被观测到，两者的发光机制有所不同。平均而言，发射星云中气体含量相对较为丰富，反射星云中的尘埃含量较高。

暗星云曾一度被认为是银河系中没有恒星或星数特别少的区域，但后来证实这种恒星缺损现象是由位于恒星前方的不发光星际弥漫物质造成的。这些弥漫物质减弱了后方的星光，使许多恒星隐匿不见，但能在明亮背景恒星的反衬下显现出星云的轮廓而被观测到。暗星云就是不发光的弥漫星云，与亮星云没有本质上的差别，只是尘埃含量比亮星云高。

恒星在演化晚期阶段之前通常没有显著的物质损失，也就是说，在一生中的大部分时间内恒星大致保持了形成时的质量。到红巨星阶段的末期，情况就不同了。随着红巨星包层向外膨胀，恒星外层大气会抛出大量的物质，高达$10^{21}\sim10^{22}$克／秒，这意味着整个包层物质可以在几千年内抛射完毕。分离出去的物质继续向外膨胀，体

马头暗星云

积变得很大，这就形成了所谓“行星状星云”。人们之所以取这一名称，是因为这类星云在望远镜中看来表现为边缘比较明晰的小圆面，很像太阳系中的行星。相对来说，在三类星云中行星状星云的外形算是比较规则的。

在行星状星云的形成过程中，星云中心的恒星因自引力的作用向内迅速地坍缩，光度和温度急剧上升，而星云便在高光度中心星的照射下受激发光。所以，从发光机制上说，行星状星云可归类为发射星云。行星状星云的平均寿命约 3 万年。据估计，银河系的一生(100 亿年) 中，会有 $10^9 \sim 10^{10}$ 颗恒星经历行星状星云阶段，因此这类星云应该较为普遍地存在。不仅银河系，一些河外星系中也观测到了许多行星状星云。

另一类星云是超新星遗迹，它们是超新星爆发后恒星的残留物。大质量恒星演化晚期发生的超新星爆发，会使恒星炸得支离破碎，剩下的星体遗迹称为“超新星遗迹”。超新星爆发时，恒星外层向周围空间迅猛地抛出大量物质，抛出物在膨胀过程中与星际物质相互作用，并为观测者所看到。在超新星遗迹的中央，有的可以观

行星状星云

测到中心星，如蟹状星云，而有的则找不到中心恒星，如天鹅座网状星云。除了银河系，在一些近距河外星系中也观测到了超新星遗迹。

大多数超新星遗迹具有丝状结构或壳层结构，向外膨胀的速度最高可达数千千米每秒。根据膨胀速度，并假设这些物质同时因爆炸自一点向外膨胀，不难推算出超新星爆发所发生的时间和位置。如天鹅座网状星云可能起源于2万年前的一次超新星爆发。

星云的形状和颜色多姿多态，并据此获得了一些形象化的名称，如马头星云、玫瑰星云、三叶星云、猫眼星云、哑铃星云等。有兴趣的读者不难从相关网站上欣赏到稀奇古怪的众多星云之“倩影”。

星系和宇宙学

xingxiheyuzhouxue

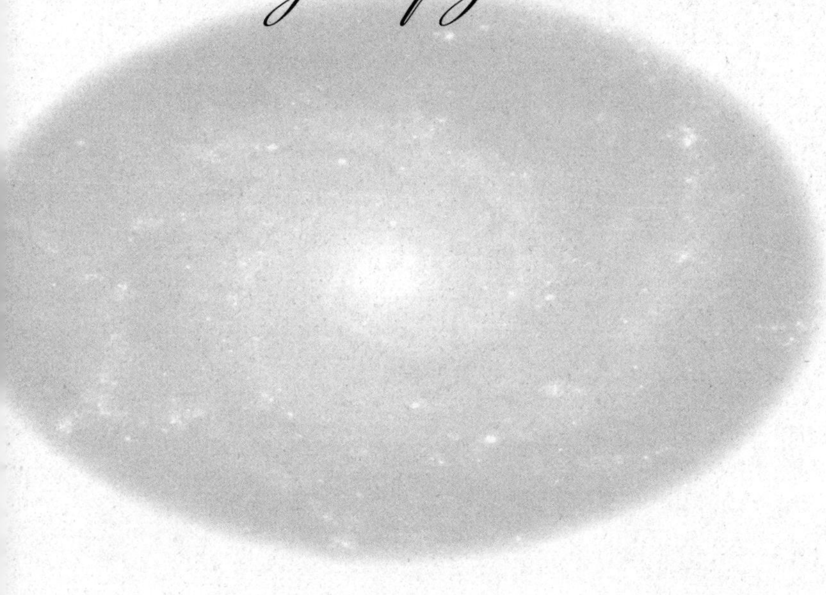

麦哲伦的天文发现

大地是平的，抑或是圆（球形）的，中外古人有着不同的观点。葡萄牙航海家麦哲伦是地圆说的信奉者，他相信大地应该是球形的，因而只要一直保持向西（或向东）航行，船舶最终一定能返回到原来的出发地。

早在 1517 年，麦哲伦就向葡萄牙政府提出了他的环球航行设想，但没有得到支持。然而，他的大胆航海探险计划却得到了一心想向海外发展，以获得更多财富的西班牙国王的支持。1519 年 9 月 20 日，麦哲伦率领一支船队从西班牙塞维利亚的一个港口出发向西航行，开始了人类历史上的首次环球之旅，这比中国明朝郑和首次下西洋的时间（1405 年）晚 100 多年。当时，麦哲伦 39 岁，他的船队由 5 艘海船、200 多名船员组成，最大的旗舰"特里尼达"号排水量 110 吨，在当时已算是一艘相当大的海船了，出发时船队的阵容可谓浩浩荡荡。

在之后的近 3 年时间内，船员们历尽千辛万苦和种种生死考验，先后穿越大西洋、太平洋、印度洋，绕过好望角，越过佛得角群岛，于 1522 年 9 月 6 日回到西班牙，完成了人类首次环球航行。出发时的 5 艘装备齐全的远洋海船最后只剩下"维多利亚"号一条破船，出发时的 200 多名船员只剩下 18 名疲劳不堪的幸存者返回故里。麦哲伦本人在 1521 年 4 月一次为征服菲律宾宿务岛的战争中，被当地居民乱刀砍死，没有看到船队的后期经历。

麦哲伦船队以巨大的代价获得环球航行成功，证明地球可能是圆球形的，而世界各地的海洋则连成一体。为此，人们称麦哲伦是第一个拥抱地球的人。为了纪念他的功绩，由麦哲伦船队发现并通过的位于南美洲最南端连接大西洋和太平洋的海峡被命名为“麦哲伦海峡”。

尽管麦哲伦死于异国他乡，但返回西班牙的船员们带回了他生前的天文发现：1520 年 10 月，在麦哲伦海峡的水面上，这位葡萄牙探险家在南部天空中观测到了一大一小两块颇为明亮的模糊云块，后人称之为大、小麦哲伦星云，简称“大麦云(LMC)”和“小麦云(SMC)”，合称“麦哲伦星云”或“麦哲伦云”。

事实上，10 世纪阿拉伯人和 15 世纪葡萄牙人在远航到地球赤

大麦哲伦星云

道以南时，都曾经注意到且记录了南天星空中有这两个云雾状天体，并曾称之为“好望角云”，只是麦哲伦在环球航行期间才第一次对它们作了较为精确的描述。麦哲伦星云的发现和确认，可算是人类首次环球航行的副产品。现在知道，麦哲伦星云并不是真正意义上的星云，而是位于银河系之外的巨大恒星系统——星系，不过其不确切的“星云”名称却因习惯使然而一直沿用至今。

大麦云到太阳的距离是 16 万光年，小麦云则为 19 万光年，两者之间相距 5 万光年。与银河系银晕直径 10 万光年相比，可知它们距离银河系算是相当近的。从地球上看大麦云的长径尺度约为 10°，是月球直径的 20 倍，小麦云的长径尺度约为 5°，是月球直径的 10 倍。大、小麦云的长径线尺度分别约为 2.8 万光年和 1.6 万光年，远小于银河系，而质量分别是银河系质量的 1/20 和 1/100。尽管在不同的资料中所列出的有关麦哲伦星云的大小和质量的数据有一定的差异，但它们无疑属于星系世界中的“侏儒”级成员，故可称之为“矮星系”，它们绕着银河系转动，成为银河系的伴星系，银河系则可计入巨星系之列。

有趣的是大、小麦云与银河系有着物质上的联系。一方面，两个麦哲伦云有一个范围更大的甚低密度弥漫中性氢云包层，而两者之间似乎存在一条不太完整的“物质桥”；另一方面，由 6 个拉长了的中性氢云块构成的所谓“麦哲伦流”，把它们与银河系相连，而麦哲伦流的延伸范围超过了 60°。麦哲伦流存在于星系和星系之间，可称为“星系际物质”。上述现象的一种可能解释是，由于银河系的巨大引力作用，星际气体正在不断从大、小麦云中逸出，并随着它们绕银河系转动而拖曳在运动方向的后方。麦哲伦流中的气体最终很可能会融入银河系的银盘之中，并进而影响到银河系的结构和演化，不过这可是将来极为遥远的故事了。

仙女星云本质之争

早在威廉·赫歇尔尝试确定银河系结构之前的17世纪中叶，有人已注意到除恒星外，夜空中还可看到一些亮度较暗、外形模糊而又颇不规则的云雾状小天体，并取名为星云。自然哲学家们开始自问当时显然无法给出答案的问题："银河是否已构成了整个宇宙？"

1750年，英国人赖特曾猜想，有一些星云可能是同银河系一样的庞大恒星系统。1755年，德国哲学家康德首次明确提出在银河系外的宇宙空间中，存在无数个与银河系类似的天体系统，甚至明确指出1612年发现的仙女座大星云即在此列。康德把宇宙比做海洋，这些天体系统就像是"大海中的岛屿"，于是就有"岛宇宙"一说。可是，当时由于对此类星云的精细结构缺乏了解，更不知道星云到底是位于银河系之内的云块，还是在银河系之外的恒星系统。

威廉·赫歇尔首次试图通过实测来寻找答案。他认为，如果通过望远镜的放大作用，就可以把星云分解成众多恒星，星云就是星系，否则便是银河系内的天体，只是外形和结构与恒星迥异。结果却使威廉·赫歇尔感到迷惑不解：不少星云被分解为一颗颗恒星，也有许多星云无法分解为恒星。

威廉·赫歇尔时代的所谓"星云"，实际上包括了三类不同的天体。第一类是银河系内的星云，它们是不可能分解成恒星的；第二类是银河系内的星团，只是用肉眼或小望远镜无法分解为一颗颗恒星；第三类是银河系之外的恒星系统——河外星系，因为太远，当时的望远镜仍不能分辨出其中的单颗恒星。因此,威廉·赫歇尔能用望远镜分辨出恒星的实际上就是星团,无法分解为恒星的是星云或河外星系。

1920年4月,美国科学院举办了一次“宇宙的尺度”辩论会。会上,以柯蒂斯为首的一方和以沙普利为首的另一方各持相反的观点,前者认为一部分星云实际上是河外星系,后者甚至认为岛宇宙理论只是一种幻想。讨论双方各抒己见,互相对立的观点相持不下,最终自然也不可能得出什么明确的结论。这个问题的关键在于如何测定“星云”的距离:如果距离远大于银河系尺度,且又可以分解为恒星,那么河外星系的存在就可得以肯定,否则它们便是银河系内的天体。

最终确认河外星系存在的是美国天文学家哈勃。

1917年,美国建成了当时世界上最大的2.54米口径望远镜。1923年10月5日,哈勃利用这台设备拍摄了仙女星云的照片,高分辨率的望远镜使照片上星云的外缘被分解成一颗颗恒星。哈勃在这些恒星中证认出了造父变星,并利用周光关系推算出仙女星云的光度距离(参见“量天标尺”)约为100万光年(现代结果为225万光年)。当时天文学家对银河系的大小尚未取得一致的认识,但即使采用沙普利的所谓“大宇宙”的观点,银河系范围也只有30万光年,仙女星系的距离显然远远超出了银河系的尺度,它必然位于银河系之外,仙女星云应更名为“仙女星系”。是年,哈勃只有33岁。有意思

的是，哈勃始终不接受今天的标准天文学术语“星系”，坚持用自己偏爱的称谓——“星云”。

哈勃的成就并非是在一夜间获得的，他早就对“星云”表现出极大兴趣，做了许多细致的工作。在证实河外星系存在之前，哈勃已开始尝试对这些“星云”进行分类，大胆地把它们分为“银河星云”和“非银河星云”两类。他还发现所有银河星云都明显地与恒星近距离相处——“成协”，但非银河星云则并不明确表现出同样的现象。哈勃曾指出，巨旋涡星云“有着非常大的视向速度和不可测量的自行”(参见“恒星并非恒定不动”)，因此应位于银河系之外。另外，他又觉察到离银道面越远，非银河星云越多，在银道面附近则很少有此类星云出现，这一观测事实与恒星的空间分布恰好相反。不过，鉴于1920年大辩论后两种对立的论点仍相持不下，哈勃对自己看法的阐述非常谨慎，甚至警告他人不要轻易把他所说的“非银河星云”理解为它们就处于银河系之外。一直到测出仙女星系的距离之后，哈勃才确认了河外星系的存在。据说，沙普利在得知有关仙女星系的消息后颇为震惊，甚至还“负隅顽抗”了一段时间。

河外星系花样十足

自然科学研究中有一项很重要的基础性工作，那就是对研究对象进行分类，以期确认它们各种性质的主要异同之处，并进而探究可能存在的内在联系，如一类对象是否从另一类对象演变而来等，而且分类工作会随观察对象的增多而日趋完善。天文学的研究对象是各种天体和天体系统，自然要对它们进行分类，并逐级细化以求甚解。

像恒星一样，星系也可表现出有不同的大小、亮度、颜色等特征，不过更为直观的是它们具有不同的外观形态，因而很自然地要对星系进行形态分类。在多种分类法中，应用最为广泛的是由哈勃提出并经后人修订后的方案。在哈勃分类方案中，星系按形态分为椭圆星系、透镜星系、旋涡星系和不规则星系四大类，每一类又可细分为若干次型。哈勃把除不规则星系外的其他三类星系自左至右排列成一幅图，形状犹如音叉——后人称为“哈勃音叉”，其中分叉的上部是无棒星系，下部为有棒星系，上下一一对应。

椭圆星系位于最左端的叉柄部分，用字母 E 表示，主要特征是外观呈椭圆形，亮度分布相当平滑，无任何明显的结构，但大小及椭圆形扁的程度有很大不同。E 星系又可细分为 E0 - E7 各次型，E0 为圆星系，而 E7 是最扁的椭圆星系。椭圆星系的质量差别很大，最大的超巨椭圆星系可达 10^{13} 倍太阳质量，而小的只有 10^{6} 倍太阳质量，与球状星团质量差不多，不过其内恒星的密集程度远不如球状星团。大部分 E 星系是一些低光度的小质量星系，称为“矮椭圆星系”，用字母组合 dE 表示，并同样可进一步细分为 dE0 - dE7 共八类次型。

哈勃音叉

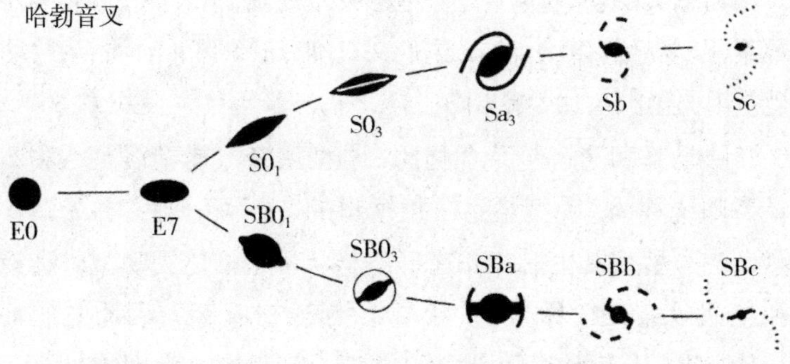

哈勃音叉从E7向右开始分叉，依次为透镜星系和旋涡星系。透镜星系的基本特征是有一个亮度平滑分布的中央亮斑，结构类似椭圆星系，外面有一个范围比较大的包层，构成所谓“透镜”。透镜星系用字母组合S0或SB0表示，前者表示普通的透镜星系，而后者则在星系中央部分有某种棒状结构。S0或SB0星系亦可根据某些判据各自细分为若干次型。

旋涡星系最为引人注目，主要特征是中心区有一亮核，两条（或多条）旋臂从核区伸出，称为“普通旋涡星系”，用字母S表示；有些旋涡星系通过中央核存在某种棒结构，而旋臂则从棒两端向外区展开，称为“棒旋星系”，以字母组合SB表示。两类旋涡星系都可根据旋臂紧卷的程度等判据，各自细分为若干次型。旋涡星系的质量范围为$10^9 \sim 10^{11}$倍太阳质量。

顾名思义，不规则星系是一些形状不规则、不表现出任何对称性的星系，以字母组合Irr表示，它们又可细分IrrⅠ和IrrⅡ两个次型，质量范围为$10^8 \sim 10^{10}$倍太阳质量。

椭圆星系和透镜星系合称为“早型星系”，而旋涡星系和不规则星系则统称为“晚型星系”，但这里的“早”和“晚”并无演化上的意义——星系诞生后并非在形态上从早型演化为晚型。透镜星系和旋涡星系又合称为“盘状星系”或“盘星系”，因为它们都有盘结构，形状大致如银河系中的银盘。不同形态类别的星系之间是否存在演化关系，如果存在又如何演化等，是天体物理研究中的一个重要问题，在这方面已取得了一些有价值的结果。

对于盘状星系来说，有“棒”和无“棒”星系的划分并非是截然分明的。星系大多会表现出有某种棒结构，而明确分类为棒星系只是其中比较极端的一部分。还有，棒状结构特征有时不易识别，对星系形态的分类很可能因此发生误判。银河系曾分类为Sbc型旋涡星系，表示其形态介于Sb和Sc星系之间，但后来更倾向于它是一个SBbc型棒旋星系。

星系观测形态是它们实际形态在天球上的投影，而投影效果则因星系而异。椭圆星系的实际形态很可能比观测形态更扁，因为扁椭球体在某一方向上的投影可能是一个圆；而圆球状星系绝不可能投影成椭圆形。旋涡星系更有趣：如果它们的主体（星系盘）与观测者视线方向近乎垂直，便表现为正向星系，可以看到近乎完美的旋涡结构；要是星系盘所在平面与视线交角接近0°，则表现为侧向星系，这时就很难看出它们的旋涡结构，甚至无法区分是旋涡星系还是透镜星系。

星系也会“打架”

你是否担心过，太阳会不会有朝一日与其他恒星不期相撞，而地球便就此毁灭了呢？

一个星系中有数以百亿计甚至更多的恒星，但恒星间是不可能发生碰撞的。恒星中最大的超巨星直径也就几个天文单位，而恒星间的距离往往需以光年计(相当于10万或几十万天文单位),即使在长达几十亿年的运动过程中,恒星之间发生碰撞的可能性也微乎其微,太阳应该安然无恙。

星系的情况就完全不同了。星系尺度可达10万光年或更大,而彼此间的距离近则只及星系尺度的10倍,远的通常不超过1 000倍,要是在星系集团——星系团的内部,星系密度就更高了。星系也是在运动的,几亿年时间内它们就可以移动自身直径那么大一段距离,因而星系与星系就有可能近距离交会,甚至发生碰撞,特别在一些星系团内部,星系碰撞的可能性更大。

要是两个星系在运动过程中互相近距离交错而过,但并未直接接触,称为"星系交会"。星系间的密近交会会对其结构、运动学和动力学状态产生显著影响。例如,一个星系会把另一个星系中的部分气体甚至恒星拖曳出来,并随着它们之间距离的增大而最终脱离原来的星系。

一旦两个星系彼此直接接触(包括部分接触),就会发生星系间的碰撞。这种情况发生时,星系中的恒星只是相对交会而过,一般不会相互直接对撞,但会影响到大批恒星的运动和空间分布。另外,因为星际介质(参见"绚丽多姿的星云")的尺度比恒星大得多,两个星系中的星际介质完全可以直接接触,并影响到碰撞中星系的形态和演化。有意思的是,如果两个星系快速相遇,它们很可能安然无恙地交穿而过,一方不会明显"损害"到另一方。要是相对速度只有几百千米每秒,情况便完全不同:碰撞结束后,两个星系互相远离时,它们很可能已变得"面目全非"。

有的碰撞过程会使两个星系"合二为一",称为"星系并合",这又可以有两种不同情况。一种情况是两个星系质量相差悬殊,结果大星系会"吞食"掉小星系,同时大星系结构因小星系的引力扰动而发生明显变化。另一种情况是并合中的两个(或多个)星系质量大致相当,结果当然不会出现“大吃小”的局面,而是“两败俱变”,形成一个巨星系,同时还可能把部分星际介质甚至大批恒星向外抛出,生成所谓的“潮汐尾”。

碰撞中的两个星系

无论是碰撞、并合,或者只是密近交会而没有直接接触,这类过程中星系间相互作用必然很剧烈,而形状诡异的特殊星系就这样形成了。

与超新星爆发相比,星系的碰撞和并合无疑是宇宙中更大尺度上的天体灾变事件,所经历的时间比超新星爆发长得多,它们不可能用能量大小来衡量,但必然会改变10万光年尺度天体系统的形态、演化、运动学状态和物理性质,影响可谓深远。

银河系会在未来某个时间与别的什么星系发生密近交会或者碰撞之类的重大事件吗?

离银河系最近的有两个质量比较小的矮星系——大、小麦哲伦星云,它们绕银河系转动,且有气体从这两个星系中逸出,形成长条形的“麦哲伦流”(参见“麦哲伦的天文发现”),通常认为这是因银河系对麦哲伦星云的引力作用而将气体从后者中拖曳出来的。即使麦哲伦星云能长期、稳定地绕银河系运动,不被银河系吞并,也许其中的物质总有一天会流入银河系,并对银河系的结构和演化产生一定的影响。不过,估计这种影响不大可能会造成灾变式的后果,因为大、小麦哲伦星云的质量比银河系质量小得多。

距离银河系最近的巨星系是仙女星系M31，目前两者之间的距离超过200万光年。有人指出，30亿年后银河系将有可能与仙女星系发生碰撞。因为仙女星系质量比银河系质量大，这类事件一旦发生，其后果严重得多。届时，银河系（以及仙女星系）的结构、演化，以至星系内恒星的形成和运动状态等，必然会发生重大的变化。当然这个过程是十分漫长的，具体结果究竟怎样，比如两者是否会并合，同时产生各种形式的剧烈活动，太阳在银河系中的运动轨道将会发生多大的改变，甚至会不会影响到地球绕太阳的运动轨道以至人类的生存，等等，这一切的一切现在当然无法预测，今天的地球人也根本无须为此而操心。

空中透镜

根据爱因斯坦广义相对论，如光线从大质量天体附近经过，其行进路径会发生偏折，这与光线通过透镜时方向发生偏折的情况相类似。大质量天体起着类似“透镜”的作用，被形象化地称为“引力透镜”，这一效应于1937年由瑞士天文学家兹维基明确指出。引力透镜效应的显著程度与透镜天体的质量有关，质量越大光线偏折程度也越大。1919年，爱丁顿通过一次日全食观测，证实了太阳对远方恒星星光的这种偏折作用，且星光偏折量与广义相对论的预言值相一致。

为利用日全食验证太阳对星光的偏折作用，需隔半年左右的时间对目标天区恒星进行两次观测。一次是日全食发生的当天，在全食阶段及时拍摄太阳附近天区的恒星(白天非全食时段是看不到星的)。另一次拍摄时间应在日全食之前或之后约半年,这时同一天区恒星会在夜晚出现。比较太阳附近若干恒星在两次观测中位置的变化,便可发现太阳的引力透镜效应,并能算出偏折角的大小。爱丁顿所用的就是这种方法。

河外天体的引力透镜效应与太阳的情况有所不同。设想在某个远方天体的视线方向上存在一个比较近的大质量天体,后者可以是星系、星系团或者黑洞,而且这两个天体和地球三者近乎在一条直线上,那么近天体就会起着引力透镜的作用,远天体发出的光会被透镜天体弯折、会聚后到达地球。这一效应的观测表现是远天体被放大了,且变得更为明亮,或者产生两个以至多个虚像,或者形成某种“光弧”状的像,具体情况取决于透镜天体与远天体的相对观测位置,以及透镜天体的质量分布等因素。

引力透镜效应的原理可用来探测暗物质(参见“看不见的物质”),因为即使近天体由暗物质构成,也同样能起到透镜天体的作用。我们根据它对远天体观测像的引力透镜效应的具体情况,来获得透镜天体的质量和位置等信息。

引力透镜现象的直接结果是,远方天体发出的光线在到达观测者之前发生了弯曲。根据光源、透镜天体和观测者之间的位置关系,以及透镜天体的形状和质量,引力透镜可分为强引力透镜、弱引力透镜和微引力透镜三类。

如果透镜天体质量很大,且与光源和观测者位于一直线附近,远天体光线会经过不同路经到达观测者,形成远天体的多重像,这种情况称为“强引力透镜”。要是三者几乎就在一直线上,则光线将从各个方向同时到达观测者,结果可能会形成一个环形像——爱因斯坦环。要是并不严格在一直线上,所看到的可能是巨型切向弧。对强引力透镜像的各种性质(如巨型弧或多重像的数量、大小、几何形状等)进行分析,可以研究透镜天体的质量及其分布,包括小尺度上的暗物质分布等。

大多数情况下透镜天体的质量(即引力透镜的强度)不足以形成多重像或巨型弧,但此时远方背景星系的像仍然发生了扭曲,它们或者被拉伸,或者被放大,不过这种拉伸或放大的程度非常小,即单个星系的引力透镜效应并不显著,难以直接探测到,这种情况称为"弱引力透镜"。弱引力透镜效应必须通过对大量星系的统计分析来加以探索、确认。利用弱引力透镜效应可以研究较大范围内的暗物质分布,以至宇宙的大尺度结构。

恒星级天体也能产生引力透镜效应,这就是微引力透镜。由于现有望远镜分辨率的限制,地球上尚无法直接拍摄到微引力透镜效应所产生的远天体的虚像。但是,一旦近的透镜天体因自行运动而从远天体与地球之间穿过,且三者的位置又恰好接近一直线时,远方天体发出的光线会被会聚而表现为亮度在短时间内增大。之后,随着透镜天体远离远天体的视线方向,后者的亮度随即恢复为常态。

1993年,天文学家曾利用微引力透镜效应——大麦哲伦星云中一颗恒星的短时间增亮,发现了银河系内一颗亮度极微弱的暗星,后经空间观测确认可能是一颗褐矮星。尽管这还不是暗物质,但说明微引力透镜确可用来探索暗物质。两颗恒星与观测者共线的概率很小,因此寻找微引力透镜事件应在恒星密集区内搜索。为此,美国和澳大利亚联合实施了一项探索计划,以期通过对大麦云中1 000万颗恒星的监测,来寻找暗物质存在的观测证据。

从“天圆地方”到现代宇宙论

人们自古以来就已通过观察天象，探求天体的运动规律和宇宙奥秘，天文学就是在这一过程中诞生的。如今天文学已形成多个分支学科，其中从整体角度来探讨宇宙的结构和演化之规律是宇宙学的研究内容。

人类对宇宙的认识有着漫长的发展史。如在中国古代，就有盖天说、浑天说和宣夜说。盖天说出现于殷末周初，早期的盖天说即“天圆地方”说，后来方形大地改为拱形大地，实乃一大进步。浑天说可能始于战国时期，主张天地具有蛋形结构，地居中心如蛋黄，天围于四周如蛋壳，后来进而发展为地浮于气中，显然比盖天说来得进步。宣夜说认为，天是无穷无涯的气体，日月星辰就在气体中飘浮游动，算得上是一种朴素的宇宙无限观，其渊源可上溯至战国时代的庄子。

盖天说

在古代欧洲，公元前6世纪到公元1世纪，古希腊和古罗马关于宇宙构造和本原有过许多学说，如毕达哥拉斯学派的“中心火焰说”、古希腊哲学家柏拉图提出的正多面体宇宙结构模型等。古代印度人

认为天国在大地之上，大地由四头大象负着，大象站在一只大海龟背上，这一切又被一条巨蛇所环绕。这些早期认识现在看来颇为荒唐，但正是反映了人类渴望探求宇宙本源的初期思考。

到中世纪，托勒玫的地心说占据了正统的地位；16 世纪，哥白尼创立日心说，人类对太阳系有了正确的认识。哥白尼在《天体运行论》一书中提出“太阳是宇宙的中心”，说明那个年代人们心目中的宇宙也就限于太阳系。经英国人威廉·赫歇尔和美国人哈勃的开创性工作，人的视野扩大到银河系，并进而拓展到星系世界。与哥白尼时代相比，今天对宇宙的认识已大为扩展了。

17 世纪，牛顿开创用力学方法研究宇宙的整体性质，创立了经典宇宙学。在牛顿的宇宙中，时间均匀流逝，既无起始之刻，也永不终结，空间均匀而平坦地伸展直达无限，但时间与空间互不相关。牛顿经典力学只解释了宇宙万物的运动规律，没有回答宇宙的起源问题。

1917 年，爱因斯坦从广义相对论出发建立了一个“静止、无界、有限”的宇宙模型，模型中的宇宙半径约为 35 亿光年，这一论点发表在他的著名文章《根据广义相对论对宇宙学所作的考察》之中，由此开创了现代宇宙学研究的时代。

在爱因斯坦的静态宇宙模型中，宇宙在空间上是封闭的，但没有边际，如向任意方向发出一个光子，光子会一直在这个封闭的宇宙空间中游弋，不会碰到宇宙的边缘，甚至最后还可能回到出发点。举一个不完全恰当的例子，如果放映一场具有完整球形的球幕电影，电影中人物的二维活动范围（球形银幕）是无边界的，但他们终究不能跳出银幕而进入三维空间，或者说电影人物的活动范围仍然是有限制的，这就是“无界而又有限”的粗略概念。不过，人们生活于三维空间中，对“无界而又有限的宇宙”就很难从常规观念来加以想象了。

爱因斯坦之后，一系列重要的观测发现和理论成果接踵而来，宇宙学开始沿着科学的方向发展，并取得很大的成功。

1922年，苏联数学家弗里德曼放弃了静态宇宙的观念，首次考虑非静态宇宙，并论证了宇宙随时间不断膨胀的可能性。1927年，比利时主教、天文学家勒梅特提出均匀各向同性的膨胀宇宙模型。两年后，哈勃发现星系普遍存在远离我们而去的系统性退行运动，爱丁顿把这种运动解释为宇宙均匀各向同性膨胀的观测效应，给宇宙膨胀的动态图像以强有力的支持。1932年，勒梅特又进一步提出，今日之宇宙是由早期处于极端高温、高密度状态下的所谓“原始原子”，因爆炸、膨胀、演化而形成的，开始深入讨论宇宙诞生的问题。1948年，美国天文学家伽莫夫等人进一步发展了勒梅特的思想，从而为今天称为标准模型的“大爆炸宇宙论”奠定了基础。

现代宇宙学研究包括两个方面，即观测宇宙学和理论宇宙学，前者侧重于通过实测探讨宇宙物质的大尺度分布规律和运动状态，后者侧重于从理论上研究宇宙的运动学、动力学和演化过程，以及建立理论宇宙模型。

托勒玫功不可没

现在青年学生都知道，托勒玫的地心说是不对的，哥白尼的日心说是正确的。但是，托勒玫不正确的学说统治人的思想竟长达约1 400年之久，这要比广义相对论从提出至今100多年可长多了。原因主要有两个，一是地心说的表观合理性，二是地心说得到宗教界的全力支持。此外，也许还缘自早期科学的发展要比近代慢得多。

人从来就生活在地球上，不可能直观地感觉到地球在运动，自然认为地球是不动的，其他天体都绕着地球在转，这就是地心说的认识基础。鉴于看上去很合理，地心说容易为公众所接受，即使现代人也决不会说自己“确实感觉到地球在转”。

地心说的早期代表人物是亚里士多德和喜帕恰斯，这两位古希腊学者分别生活在公元前 4 世纪和公元前 2 世纪。不过，当时的观念还称不上是一种学说，只能大致说明天体的东升西落现象，学者们的思想并没有形成完整的体系，不能具体解释天体的运动规律。

公元 140 年，亚历山大城天文学家托勒玫完成了他的名著《天文学大成》（又译《至大论》）。在这部 13 卷巨著中，托勒玫完整地提出了他的宇宙地心体系，用本轮－均轮系统和偏心圆思想，来解释所观测到的太阳、月亮和行星运动的观测特征。他的思想并非凭空而来，是在总结、发展前人一些观点的基础上，提出了自己的宇宙体系，如本轮－均轮系统是继承了著名数学家阿波罗尼奥斯的观念，而偏心圆的思想则取自喜帕恰斯。

托勒玫体系的核心是，地球位于宇宙中心静止不动，太阳和月亮沿圆形轨道绕地球匀速转动。行星的运动较为复杂，它们各自沿着一个称为“本轮”的小圆转动，而本轮中心又在称为“均轮”的大圆轨道上绕地球转。地球并不位于行星均轮的中心，而是离圆心有一段不大的距离，称为“偏心圆”。恒星都位于称为“恒星天”的固体壳层上，日、月、行星除上述运动外，还与“恒星天”一起每天绕地球转一圈。托勒玫作了精心的设计，包括恰当选择各个均轮与本轮的大小之比，行星在本轮上的运动速度，本轮中心在均轮上的运动速度，本轮平面与均轮平面之间的交角，以及地球到均轮中心的距离等。

一方面，在当时观测精度不高的情况下，托勒玫地心体系确能较好地说明行星的视运动特征，这就得到了观测的证实；另一方面，西方宗教主张上帝创造人，人所居住的地球必然处于一个特殊的位置上，即宇宙的中心，而且当然是不动的。地心说与宗教思想相一致，自然为宗教界所接受，这就是地心说的社会基础。

随着时间的推移，人们发现托勒玫体系不能很好地与观测相符，但长时期内未能跳出地心体系的束缚。1 000 多年后，西班牙天文学家查尔卡利为修正托勒玫的体系，以在地心说框架内消除理论与观测的矛盾，采用了本轮套本轮的多级本轮系统，以至本轮和均轮的总数居然达到 80 个之多，从而引起有识之士的不满，日心说由此应运而生。

尽管地心说早已被人彻底抛弃，然而在认识的长河中不应完全否认其历史地位和作用，托勒玫的地心说反映了人类早期的认识水平，其中也有正确的内涵。比如，他主张地球是球形的，这一正确的观念在科学发展史中起了极为重要的作用。由于根本没有建立万有引力的概念，球形地球的观点长时期受到学者们的抨击和教会的扼杀，直到 16 世纪初期葡萄牙航海家麦哲伦首次环球航行成功才得以为人们所认可。

此外，托勒玫还提出地球相对整个宇宙而言只是很小的一个点，认识到观测所见的行星运动只是行星实际运动的反映，天体在圆轨道上绕中心天体运动，恒星的距离要比行星远得多，这些基本思想无疑是正确的。

托勒玫学识广博，一生著作颇丰，且涉及诸多领域，如天文学方面的著作有《实用天文表》《行星假说》《恒星之象》《日晷论》等，其中《天文学大成》无愧是当时的天文学百科全书；对大气折射现象和月球的运动，托勒玫亦有灼见。此外，他还著有 8 卷本的《地理学指南》、5卷本的《光学》、音乐方面的《谐和论》，以及论述星占学的《四书》等书。

托勒玫是一位重要的历史人物，人们不应忽视他的历史功绩。

证明日心说

科学真理为人们认可总是需要时间的，日心说也是如此，它从提出到最终证实经历了漫长的时光。

早在公元前3世纪，古希腊天文学家阿里斯塔克就已提出了朴素的“日心说”。他曾经测出了太阳、月亮和地球之间的距离和它们的相对大小。尽管测量误差相当大，但还是正确推断太阳比地球大得多。大的太阳不应绕小的地球转动，从这一逻辑推理出发，阿里斯塔克指出位于宇宙中心的应该是太阳，且静止不动，地球绕着太阳运动，同时又绕轴自转。不过，这一天才思想当时未能为人们所接受。

中世纪末，许多欧洲国家商业活动规模渐而扩大，航海事业日趋发达，地心说因不能准确预报天体位置，无法提供好的航海历书而令人不满，修正后的地心体系变得非常复杂，难以使人信服。这种状况下，作为有进步思想科学家的杰出代表，波兰天文学家哥白尼开始怀疑地心说的正确性。他受到阿里斯塔克学说的启发，经过多年的分析，在1543年出版的《天体运行论》中系统地提出了自己的日心说。

哥白尼学说的要点是：地球不是宇宙的中心，宇宙中心在太阳，所有天体都绕太阳运转；与恒星所处的天穹高度相比，日地距离微不足道；天穹周日旋转是地球自转的反映，太阳周年视运动是地球绕太阳公转的反映，行星的复杂视运动是地球和行星都绕太阳运动的反映。

日心说又称“日心地动说”，关键之处是地球在动，地球是绕太阳运行的一颗普通行星，而不是宇宙的中心。日心说纠正了人们对宇宙（在当时就是太阳系）的错误认识，从根本上动摇了宗教神学的理论支柱。因此，在哥白尼之后，因危及教会的思想统治，赞成、维护和宣传这一学说的学者，如布鲁诺和伽利略，都曾受到罗马教廷的残酷迫害，布鲁诺甚至被活活烧死。

在哥白尼日心体系中，行星都沿着各自的圆轨道绕太阳作匀速运动，太阳居于所有行星轨道的公共圆心上。实际上这里存在两个问题：行星公转轨道并不是圆，运动速度也并不均匀。不过，最初人们并没有认识到这一点。

德国天文学家开普勒率先对行星公转运动特性作出了正确说明。由于哥白尼体系的缺陷，行星的理论位置与实测位置仍有少量无法解释的差异，而开普勒的行星运动三定律正确地解决了这一矛盾。

同一时期，伽利略始终为日心说寻找观测证据。1610 年，他发现了不同日期金星大小和位相的变化，并正确指出这缘自金星因反射太阳光而发光，以及金星到地球的距离有很大的变化，其中后一点无法用地心说来解释，在日心说中却是很自然的结果。

哥白尼日心体系的要害是“地动”。尽管伽利略对金星的观测结果给日心说以有力的佐证，但毕竟没有直接证明“地动”，至少日心说不能算是对实测结果的唯一解释。

1588 年，第谷提出了一种介于地心体系和日心体系之间的宇宙体系：地球位于宇宙中心静止不动，其他行星绕太阳转，太阳又带着它们一起绕地球转。第谷体系是对托勒玫体系的一种修正，可称为“准地心体系”。在第谷体系中，金星和地球之间的距离会有很大的变化，同样能合理解释伽利略关于金星大小变化的实测结果。

如何才能证明地球确实在绕太阳运动呢？

从两个不同位置观测同一个目标，两条视线间的交角称为“视差”。如地球绕太阳在转，不同日期从地球上观测同一恒星的方向必会发生变化，称为“恒星的视差位移”。只要能发现恒星有视差位移，就能明确无疑地证明地球在绕太阳转动，从而彻底否定地心说。

哥白尼在提出日心说之时已经认识到这一点，为此他进行了首次恒星视差的实测工作，但结果发现恒星视差为零。哥白尼对此的解释是，恒星太远，视差非常小，而当时肉眼观测仪器的误差太大，不可能测出恒星的视差，并从仪器的观测精度正确推断出恒星的距离至少在日地距离的1 000倍以上。

随着观测精度的提高，人们终于测出了一些恒星的视差，这才最终证实了日心说，而这已是学说提出后又过了300多年的事了。实际上最近一颗恒星到太阳的距离相当于日地距离的27万倍，远远大于哥白尼的早期估计。

宇宙大爆炸不具有杀伤力

作为天文学研究对象的宇宙，只限于今天观测技术力所能及的空间和时间范围，称为“可观测宇宙”，关于宇宙学的一切科学讨论也仅限于此。据目前研究，可观测宇宙边界到地球的距离约为137亿光年。

大爆炸宇宙论的主要观点是宇宙经历了一段由热到冷、由密到稀、由小到大不断膨胀的诞生和演化史，其过程犹如一次规模极其巨大的超级大爆发。

在130多亿年前，今天所观测到的全部物质世界统统集中在一个温度极高，密度极大的极小的范围内，大爆炸后的0.01秒，宇宙温度高达10 000亿摄氏度，物质主要成分为光子、电子等轻粒子，质子和中子只占总量的10亿分之一。因整个系统在快速膨胀，温度很快下降。

大爆炸1秒钟后，宇宙温度已下降到100亿摄氏度。不过温度还是太高，核力仍不足以把中子和质子束缚在一起以构成原子核，宇宙物质的状态犹如一锅“基本粒子汤”。

大爆炸13.8秒后，温度下降到30亿摄氏度。这时，质子和中子已可结合而生成氦、氘一类稳定的原子核，化学元素开始形成。这个过程大致延续了3分钟，约有四分之一物质聚合成氦，并用完了所有的中子。这3分钟特别重要，它决定了今天宇宙的基本化学组成。

35分钟后，宇宙温度降到3亿摄氏度，核反应过程停止。由于温度很高，质子仍不能和电子结合成中性原子。原子约在大爆炸后30万年才开始生成，那时宇宙温度下降到4 000开，化学结合作用已能把绝大部分电子束缚在中性原子中。这一阶段，宇宙的主要成分是气态物质。

气态物质在自引力作用下凝聚成密度较高的气体云，它们离散分布于宇宙空间内。由于密度涨落形成的引力不稳定性，或由于宇宙湍流的作用，气体云进而形成各种恒星系统，并经历漫长的演化后成为今天所看到的宇宙景观，而恒星的形成和演化至今仍在进行之中。

质子和电子结合成氢原子的时期称为“复合期”,复合期开始时宇宙还是明亮的。中性原子会吸收光子,随着中性原子的增多光子越来越少,宇宙逐渐变得不透明。到大爆炸后约50万年宇宙便进入黑暗时期,并一直持续到2亿年后,因氢原子再次电离,宇宙再度变得透明。可见,在大爆炸发生后宇宙经历了“光明—黑暗—光明”3个阶段。

现代大爆炸宇宙论认为,大爆炸实际上是在“奇点”上发生的。奇点尺度为零,密度为无穷大,而温度则无限高。大爆炸后的10^{-43}秒称为“普朗克时期”,宇宙的尺度比原子核还小得多:半径只有10^{-23}厘米,密度高达10^{93}克/厘米^3,温度高达10^{32}℃。经过130多亿年的不断膨胀、冷却,目前可观测宇宙的范围已达130多亿光年,物质平均密度只有2×10^{-31}克/厘米^3,即每立方米空间大体上只能分摊到一个氢原子。今天的宇宙同极早期宇宙相比,尺度差异为10^{61}量级,密度差异为10^{124}量级,温度相差10^{32}量级!

宇宙大爆炸与炸弹爆炸的概念完全不同。炸弹爆炸意味着构成炸弹的物质在空间中朝各个方向快速散开,同时造成巨大的破坏力。宇宙大爆炸是物质随着空间的快速扩展而急剧膨胀,不存在任何涉及破坏力的问题。根据大爆炸宇宙论,大爆炸事件是空间的起源,又是物质和能量的起源,甚至时间概念也是由此出现的,它是空间、时间、物质和能量这一切的开端。至于大爆炸之前有些什么,什么原因引起了大爆炸,以及大爆炸为什么发生在这个时候、这个地方,等等,这类问题在大爆炸理论中是没有任何意义的——不存在所谓的“以前”,而在没有任何时间的地方也就没有任何通常意义上的因果关系。大爆炸理论中的一些概念与人们习以为常的观念格格不入,显然已超出了常规思维的范畴。

宇宙向何处去

新陈代谢是自然界不可抗拒的客观规律,宇宙万物有生必有死,无一例外。如果大爆炸理论成立,则宇宙在空间和时间两方面都是有起端的,即大爆炸瞬间。既然宇宙有诞生之日,那就必有死亡之时。接下来自然要问,宇宙的终极在哪儿?什么时候发生?那时宇宙会是什么样的一种状态?这就是宇宙的最终归宿问题。

大爆炸之后的膨胀过程是一种引力和斥力之争,爆炸产生斥力并使天体彼此远离,而万有引力的作用又力图使天体互相靠近。大爆炸之后宇宙会一直膨胀下去,还是总有一天会停止膨胀并反过来收缩变小,这应该取决于宇宙物质密度的大小。理论上存在某种"临界密度",如果宇宙物质平均密度小于临界密度,宇宙会一直膨胀下去,称为"开宇宙";反之,膨胀过程迟早会停下来,并随之出现收缩,称为"闭宇宙"。

理论临界密度为5×10^{-30}克/厘米^3,如只计入发光物质(星系),把它们平摊到整个宇宙,那么平均密度为2×10^{-31}克/厘米^3,远低于临界密度值。然而,宇宙中还存在暗物质和暗能量(参见"玄乎暗能量"),其数量远大于可见物质,这给平均密度的测算带来很大不确定性。因此,宇宙平均密度是否真的小于临界密度是一个有争议的问题。不过,可以对两种情况下宇宙的结局作一番推测。

先来考虑开宇宙。恒星演化晚期部分物质被抛入星际空间,最终生成白矮星、中子星或黑洞。随着恒星的不断诞生和死亡,星际气体逐渐减少，总有一天再没有富裕的气体可供新的恒星形成。10^{14}年后，全部恒星都会失去光辉，同时它们不断从星系中逸出。星系因损失能量而收缩，结果在星系中心即使原来不存在黑洞也会生成黑洞，并通过不断吞食附近不发光恒星残骸而长大。$10^{17}\sim10^{18}$年后，星系只剩下中心大黑洞和周围一些零星分布的死亡了的恒星，组成恒星物质的质子不再处于稳定状态。当宇宙到10^{24}岁时，质子开始衰变为光子和各种轻子，衰变过程到10^{32}年时进行完毕，宇宙中只剩下光子、轻子和一些超级黑洞。10^{100}年后，黑洞会因蒸发而完全消失，宇宙归于一片黑暗。这也许就是开宇宙的末日景象，但它仍然在缓慢地膨胀着。

对于闭宇宙来说，膨胀速度会越来越慢，如设平均密度是临界密度的2倍，那么在400亿～500亿年后，当宇宙半径较现在扩大一倍左右时引力开始占上风，膨胀即告停止。接下来宇宙开始收缩，以后的情况差不多就是膨胀阶段宇宙中所经历的一切事件逐个依次反演。开始收缩很慢，几百亿年后宇宙平均密度又大致回到目前的状态，不过原来星系间不断远离将代之以不断接近。再过几十亿年，宇宙背景热辐射会上升到400开，并继续上升，宇宙变得非常炽热而又稠密，收缩过程越来越快。在这种坍缩过程中，星系彼此并合，恒星间频繁碰撞。一旦宇宙温度升到4 000开，电子开始从原子中游离出来；温度达到几百万开时，所有的中子和质子从原子核中逸出。在最后阶段，宇宙热辐射之强使夜间天空发出淡红色的光辉，并渐而变为黄色、白色，并最终威胁到恒星的存在。当一个星系的物质坍缩为几个光年尺度时，宇宙便到了一生中的最后3分钟，接下来很快进入“大暴缩”阶段，一切物质和辐射极其迅速地被吞进一个密度无限高、空间无限小的区域之内，回复到大爆炸发生时刻的状态。

大暴缩结束之际，也就是包括物质、空间和时间在内的一切事物的末日，不存在所谓的“以后”，宇宙在大爆炸时从虚无中诞生，辉煌地存在了许多亿年后又在虚无中消失，甚至连一丝痕迹也没有留下。

要是物质密度恰好等于临界密度，宇宙还是会一直膨胀下去，不过膨胀速度会在无穷尽的时间长河中不断趋近于零，情况与开宇宙并无本质差异。

上面的描述完全是推测性的，更有待于证实，甚至现在都不知道能否证实。开宇宙的结局似乎比闭宇宙好一些，因为理论上只要有星系及大黑洞存在并且有自转运动，技术充分发达的超级高等智慧生物总有办法从它们那儿汲取能量并继续生存下去。然而一旦真的发生大暴缩，一切的一切便在劫难逃。当然，无论是哪种结局，总是发生在非常遥远，甚至可能是无限远未来的事了。

看不见的物质

宇宙看上去无疑是“亮”的：仰望天空，白天阳光灿烂，晴夜星光闪闪，恒星、星系等宇宙成员因为发光而被人们看到，许多恒星的发光本领更要比太阳大得多。那么，如果告诉你宇宙的主要成分是暗而不发光的物质，你是否会感到惊讶？

事实上，宇宙中除了能发光的普通物质外，还存在着大量因不发光而无法看到的物质形态。发光物质又称为“重子（包括质子和中子）物质”，在宇宙中仅占 4.4%左右，大部分是不发光的暗物质和暗能量（参见“玄乎暗能量”）。

早在 1933 年，瑞士天文学家兹维基就已发现，宇宙中很可能存在大量不发光的物质。

确定星系质量有两种不同的方法。星系的质量与光度之比称为“星系质光比”，一般说，星系质量越大，向外辐射的能量越多，光度就越高。只要测得星系的亮度和距离，由此推算出星系光度，利用质光比就能估计出它们的质量(称为“光度质量”)。另一条途径是由星系内部成员的运动状态来推算该系统的质量，基础是牛顿引力理论，所得出的质量称为“动力学质量”。

兹维基用这两种方法估算了一些星系团的质量，结果发现它们的光度质量远小于动力学质量，甚至可相差一个量级以上，完全不能用观测误差来解释，好像团中大部分质量没有表现为发光物质，不知躲到哪里去了。随着这种物质隐匿现象的普遍发现，人们开始意识到宇宙中很可能存在许多不发光的物质，它们甚至也不会发出其他波段的电磁辐射，只表现出引力作用，并影响到附近普通可见物质的运动状态，因而动力学质量能反映这类不可见物质的存在，而光度质量反映的只是可见物质。后来，这种不可见的物质被称为“暗物质”。这个名称实际上并不确切，它们不是因为太“暗”而没看到，而是根本不可能“看”到。

星系团的形态也表明团内必有大量的暗物质。星系团是一种稳定的天体集团，寿命可达 100 亿年或更老，在宇宙中普遍存在说明这是一类稳定系统。然而，团内星系的运动速度很大，必然有很强的引力把它们牢牢束缚在一起，不然就会在不太长时间内四处逸散，星系团会瓦解而不复存在。光度质量不能产生足够强的引力场，只有存在大量暗物质才能合理解释星系团稳定存在的观测事实。

通过对银河系内恒星运动特性的研究，发现银河系中也存在大量的暗物质。

恒星绕银河系中心的转动速度 V 随恒星银心距 r 的不同而不同，

其变化规律 $V(r)$ 的图示形式是一条曲线，称为“银河系自转曲线”。要是只考虑发光物质，理论自转曲线与实测情况大为不同，但一旦假设银河系外围广大天区内存在大量暗物质，差异就不存在了。根据实测银河系自转曲线的形状，可估算暗物质的质量与发光物质之比约为 9∶1。后来发现，星系中存在大量暗物质是一种普遍现象，而这种“另类”物质的浮现，说明宇宙中物质形态的多样性。

暗物质究竟是些什么样的物质，又有何种性质？遗憾的是问题尚未得以很好解决，所知道的只是暗物质又冷又“暗”，有引力作用，但不会发出也不会吸收任何形式的电磁辐射。

目前知道，就宇宙中的两种物质形态来说，发光物质约占 15%，暗物质约占 85%。前者主要是由质子和中子构成的重子物质，不过只有约四分之一重子物质会发出能探测到的辐射。剩下的四分之三也能发出辐射，但强度太弱，目前还不能探测到，或可称为“重子暗物质”。人们已为此类物质列出了若干类候选者，如褐矮星、中子星或者低温矮星、星际空间中游荡的行星级小天体，以及黑洞等。随着观测技术的提高，未来仍有可能直接探测到这类由重子暗物质构成的天体（至少是其中的一部分）。

另一类就是非重子暗物质，即真正意义上的暗物质。宇宙学家已为此开出了一份名目繁多的候选者目录，包括中微子和其他一些理论上预期存在的粒子。目前人们倾向于暗物质的组成成分是质量较大、相互作用却很弱的粒子，称为“弱相互作用重粒子”，如轴子、引力微子、引力子、中性伴随子等，它们所具有的共同特性是又冷又“暗”，故又统称为“冷暗物质”。所有这些候选物质都还只是理论上可能存在的粒子，在实验室和宇宙中还没有找到它们存在的确切证据。

玄乎暗能量

暗物质之确认令学者们既感兴奋，又迷惑不解，然而在宇宙中居然还存在比暗物质更玄乎的物质形态——暗能量。

1917年，爱因斯坦开创了现代宇宙学研究。一些科学家尝试解爱因斯坦的著名场方程，并推断宇宙不会完全静止。而爱因斯坦本人却认为宇宙应该是静止的，为此他在场方程中引入了一项起斥力作用的“宇宙常数”。1929年，哈勃发现许多星系都表现为谱线红移，如用多普勒位移来解释，则它们都在高速远离地球。而且，星系的退行速度 v 越大，距离 r 就越远，两者有着简单的正比关系 $v=H_0r$，即哈勃定律（H_0 为哈勃常数）。哈勃证实了宇宙在膨胀，有力地说明宇宙并非处于静态。在这种情况下，爱因斯坦曾说引入宇宙常数是他一生所犯的最大错误。不过，这一概念并未被人们彻底抛弃，在一些工作中还会“牵挂”宇宙常数：如果计算表明宇宙常数应为0，便主张这个常数确实不存在，否则就认为引入宇宙常数的思路是正确的，这似乎有点实用主义的味道。

利用超新星测定遥远星系的距离，并与哈勃定律的预期结果比较，可判断宇宙膨胀的速率。1997年，人们利用空间观测发现，宇宙膨胀很可能经历了一个先减速、后加速的过程，后续研究亦证实了这一点，从而引起人们极大的兴趣——膨胀加速需要起斥力作用的能量，也就是所谓“暗能量”。

2003年7月23日，一个多国科学家小组在美国宣布，借助空间观测数据，他们发现宇宙中有暗能量存在的直接证据，并推断宇宙由4.4%左右的普通物质、大约23%的暗物质和约73%的暗能量所组成，其中最多的物质形态，反而是最晚发现也最难了解的暗能量，人们只知道这些“暗”东西应该存在，但对其性质很不清楚。

暗能量的发现是近年来有关宇宙学研究的一项重大成果，而若干观测证据有力地支持了暗能量的存在。

首先，对于很远的天体来说，根据超新星观测获得的距离，要比由哈勃定律推得的距离来得大，而且距离越远差异越明显，呈现某种系统性的变化。由此推知，宇宙膨胀的速度并非恒定不变，而是在不断加速——加速膨胀。根据广义相对论，这表明宇宙中存在着压强为负的物质——暗能量。有人认为，大约在70亿年前引力失去了对宇宙的控制，神秘的暗能量开始起主导作用，不过无人知晓其原因何在，也不清楚究竟如何会发生。同暗物质一样，暗能量并不是因为“暗”而观测不到，实际上它是根本看不到的。

其次，由全部普通物质与暗物质之和得出的宇宙物质密度，大约只及由微波背景辐射观测所推得的宇宙物质密度的三分之一，存在约三分之二的质量短缺。这一短缺的物质便称“暗能量”，基本特征是具有负压强，但又不能严格说就是一种具有斥力作用的物质，只能称之为能量。另外，宇宙中普通物质的成团倾向很明显，即使暗物质很可能也大量团聚在星系和星系团周围。而暗能量在宇宙中几乎呈均匀分布，毫无成团倾向。暗能量在宇宙演化前期并不重要，它的斥力不会影响暗物质的引力作用，不会干扰宇宙中物质结构的形成。

再次，通过对大量星系分布状况的研究，能推测引起星系聚集和扩散的作用力，也就是暗物质的引力和暗能量的反引力。有人对25万多个星系进行分析，证明微波背景辐射使一些大质量星系集中区的温度表现出微量的升高，用暗能量可以对之作出合理解释，并说明宇宙中暗能量占了大多数。

最后，对几千个遥远类星体的观测表明，受引力透镜影响的远距类星体数目之多，已超出有关引力透镜成因的一般概念，只有存在暗能量才能解释，而且在假设暗能量占到宇宙成分的三分之二时，理论计算与实测结果最为吻合。

神秘莫测的暗能量已成为当代物理学面临的最大挑战。一方面，鉴于相关探索才刚起步，众说纷纭在所难免，已有的看法只是一些猜测和设想，远没有形成系统性理论，也有人对暗能量的存在持否定态度；另一方面，暗能量又似乎成了解决疑难问题的灵丹妙方，例如有人认为黑洞不可能存在，黑洞其实是一种“暗能量星”。

除了进行更为系统、细致的观测外，问题的解决或许有求于全新的理论，而一旦找到这类理论，也许会引起一场重大的科学革命。

暗物质和暗能量的发现，再次说明了认识宇宙任重而道远。

望远镜与空间探测

wangyuanjing yukongjiantance

伽利略并非望远镜发明人

天文学是一门观测科学，天文观测离不开望远镜。可以毫不夸张地说，天文学发展史也就是一部天文望远镜的发展史。道理非常简单：天体遥不可及，如果能看到，才会有更多的发现。

望远镜的发明与眼镜有关，眼镜出现于望远镜之前。马可·波罗在 1260 年写道："中国老人为了清晰地阅读而戴着眼镜。"说明在这之前中国人就已知道眼镜，并付诸实用。

1608 年，荷兰小镇米德尔堡，有一位普通的商人利珀希，经营着一家普通的眼镜店。利珀希为人和善，店铺生意不错，当地民风淳朴，孩子们常到他店内玩弄镜片，有时甚至把镜片拿到店外去，而利珀希并不在意。一天，两个孩子在利珀希的商店门口摆弄几片透镜，他们通过前后两片透镜观看远处教堂顶上的风标，好像因发现了什么新奇之事而显得非常开心。利珀希觉察到了孩子们异乎寻常的表情，于是就跑了过去。当他拿起这两片透镜来观看时，发现远处的风标居然大了好多。利珀希为之既吃惊又兴奋，他明白这是一项新的发明，于是随即返回店内，把这两片透镜装在一个筒子里，世界上第一台望远镜就这样诞生了，而两个可爱的孩子当然不会知道他们对望远镜问世所作的重要"贡献"。

同年，利珀希很快为自己的新发明申请到了专利，他制作了许多望远镜出售给居民和荷兰政府，并迅即在军事和航海等领域中得到广泛应用。当年英国军队入侵荷兰，两国处于交战状态。据说望远镜在战争中曾一显身手——荷兰司令官手持望远镜可窥视远方敌军，而英国人则茫然无知。最后，荷兰人打败了入侵的英国军队。不过，战争中望远镜发挥了多大作用就无从考证了。

翌年6月，伽利略得知了这一消息，他马上意识到这一发明对天文观测的重要性，但因为没见到实物，伽利略决定自己动手做一个。在查阅了有关透镜的文献，并经过绘图、计算和设计后，他终于找到了制作望远镜的基本方法，独立造出了自己的望远镜。不过，那时这项发明被称为“窥探镜”，直到1611年才改称为“望远镜”，这个更为合理的称呼一直沿用至今。

如何对待望远镜这一观察利器，作为科学家的伽利略与商人利珀希就完全不同了。伽利略没有去申请什么专利，也不求批量生产望远镜以获取赢利，而是专注于不断改进望远镜的性能，其中主要是力求提高望远镜的放大倍率。1609年的整个夏季，他全身心地投入设计、计算、绘图、琢磨透镜和改变镜筒长度的工作。辛勤劳动终于取得回报，伽利略在制成了放大倍率约为8倍的望远镜后，于1609年冬初更把放大倍率提高到30倍。

在制造、改进望远镜的同时，伽利略坚持不懈地用他的望远镜观测天象。在短短的一两年时间内，他很快有了一系列前所未知的重要发现，如观测到太阳表面的黑色小斑点——黑子，月面上大小不一的众多环形山，有4颗卫星（后称“伽利略卫星”）在绕着木星转，不同日期金星大小和位相的变化，以及组成银河的点点繁星等。更为重要的是，伽利略对这些新发现的天象作出了正确的科学解释。例如，他发现月面斑纹的亮度随月球高度而变，由此正确推断月球本身并不发光，只是因反射太阳光而发亮。木星有卫星绕着转，说明地球并非（如地心说所认为的那样）是所有太阳系天体的转动中心，而金星大小和位相的变化可以用日心说，而不能用地心说来解释，等等。

伽利略的望远镜

伽利略的一系列发现在欧洲引起了很大的轰动。1609 年 8 月，他把一架精制的望远镜呈献给威尼斯大公爵。这位年迈的贵族对仪器的用途和制造人的聪慧深表钦佩，邀请议员们观看，并提议给伽利略以相当高的酬劳和荣誉。不久，伽利略被聘为帕多瓦大学的终身教授，薪俸加倍。

但是，望远镜发现的天象无疑与《圣经》所说相违，在受人崇拜的亚里士多德的著作中也找不到依据，因而包括不少学者在内的许多人对此不予承认，帕多瓦大学的一些教授居然拒绝用望远镜来观察世界。

尽管伽利略并不是望远镜的发明人，但确是把望远镜指向天空的第一人，他开创了天文观测乃至天文学的新纪元。

反射望远镜后来居上

提起牛顿，人们马上会联想到他的万有引力定律。事实上，这位大师的科学贡献是多方面的。例如，在数学上创建了微积分，在光学上最先利用三棱镜观察到光的色散。此外。他还设计、制造了反射式望远镜，其基本构架至今仍是天文望远镜的主流。

1608年，荷兰人利珀希发明的望远镜，以及第二年伽利略制成的天文望远镜，都是用凸透镜为物镜、凹透镜为目镜，这种形式的望远镜通常称为“伽利略望远镜”。此类望远镜的优点是物像为正像，但放大倍率无法设计得很高。目前市场上有售的普通观赏用双筒望远镜大多属于这一类，它们的焦距可调，配以不同的目镜便能获得不同的放大倍率。

开普勒在1611年出版的《光学》一书中提出，可以用凸透镜取代凹透镜作为望远镜的目镜，使放大倍率有很大的提高。此即“开普勒望远镜”。开普勒望远镜的缺陷是物象为倒像，不适用于一般性的观赏。例如，不能用来观看头足位置颠倒的芭蕾舞演出或者足球比赛，用作普通“观剧镜”的双筒望远镜一定是正像望远镜。不过，对于观测天体和天象则几乎没有任何影响，如月球或者星团的照片实际上并无倒像与正像之分。

上述这两类望远镜统称为“折射望远镜”，成像过程中光线需穿过物镜和目镜，其间光线路径发生了折射。早期折射望远镜的物镜是单透镜，球差和色差很严重。所谓球差，是指光线穿过球面形透镜后不能会聚于同一焦平面，而色差是指光线内不同波长的单色光在穿过物镜后，因透镜折射率与波长有关而不能聚焦于同一焦平面。这两种像差都会影响到望远镜的成像质量，或者说影响到物像的清晰度。为减小这种不利因素，望远镜的镜筒（物镜焦距）不得不做得很长。例如，1722年英国天文学家布拉得雷用于测定金星直径的望远镜，其物镜焦距竟长达65米，简直成了一具怪物，使用起来极不方便。

对于折射望远镜来说，尽管后来物镜采用了特定材料的复合透镜，有效地克服了球差和色差的影响，但作为物镜的透镜因受到材料和技术上的种种限制而不可能做得很大。

1668年，牛顿发明了用凹面反射镜取代凸透镜作为物镜的望远镜，后人称之为“牛顿望远镜”，其中的凹面反射镜称为“主镜”。这类望远镜的成像原理与折射望远镜不同，光线是经主镜反射后到达目镜端成像，故称为“反射望远镜”。反射望远镜的一个重要特点是没有色差，而且可以通过一些巧妙的光路设计有效消去球差等其他像差，从而获得非常好的成像质量，这一点对天文观测尤为重要。不仅如此，反射望远镜可以做得很大，如美国在夏威夷建成的两台凯克望远镜的口径达到10米，属目前世界上最大单镜架反射望远镜之列。

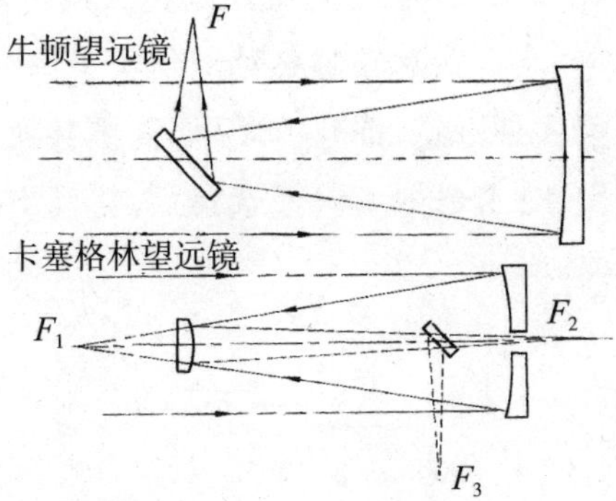

对于反射望远镜来说，光线经主镜聚焦后成像于主焦点，该焦点位于镜筒之内。为方便观测，可以在望远镜中除主镜外再安置一块（有时可以是几块）小的曲面（或平面）反射镜，就能把成像焦面引出望远镜镜筒之外。在不同的设计中，望远镜的光路可以有所不同，并构成不同的焦点系统。例如，在牛顿望远镜中，经主镜汇聚的光线由安置在主镜正前方的一小块平面镜转向90°后引出镜筒，这种系统称为牛顿系统。在法国人卡塞格林于1672年发明的反射望远镜中，主镜中央开了一个小孔，主镜收集的光线经主镜正前方一块小的凸面镜（称为“副镜”）再次反射后从该小孔穿出镜筒。这就是卡塞格林望远镜。在现代大型反射望远镜中，大多可以通过内置小镜面的变换，同时具有牛顿系统、卡塞格林系统，乃至其他的光路系统，可适用于不同类别的天文观测，如测光、成像、光谱观测等。

自牛顿之后,天文望远镜大致沿着折射式和反射式两种类型发展,反射望远镜显然绝对居于上风,现代大望远镜无一例外都是反射式望远镜,而自 1897 年美国叶凯士天文台建成口径 1.02 米、焦距 12.2 米的折射望远镜后,再没有人去建造更大口径的折射望远镜。

倾听太空无线电信号

科学上的一些重要发现有时的确缘于某种机遇,能抓住机遇作出重要发现的,都是善于思考的有心人,天文学上此类例子也有不少。

1931 年,在美国贝尔电话实验室工作的 20 多岁年轻工程师央斯基,正专注于研究长途电话通信中的电信干扰源。他发现有一种干扰来源不明,其方向开始时似乎很靠近太阳,但以后便逐渐远离太阳。央斯基在做了几个月连续观测后证实,这种信号的极大强度呈周期性重复出现,周期为 23 时 56 分 04 秒,而这正是地球的自转周期。1 年后,央斯基进而确认该信号来自银河系中心方向,由此人类第一次捕捉到了来自宇宙空间的无线电波(射电波)。不久,此项发现为美国人雷伯所证实,从而揭开了射电天文学的序幕。

射电天文的观测工具是射电望远镜,所要接收的不是可见光,而是肉眼看不到的射电辐射,需借助专用接收设备来加以显示或测量。它们的外形与光学望远镜很不一样,其作用实际上就是无线电接收天线,而使用最广泛的是抛物面射电望远镜。

与光学望远镜一样，为获取更多、更精确的信息，射电望远镜也越建越大。例如，1955 年，英国建成了直径 76 米的全可动抛物面射电望远镜。20 世纪 60 年代，美国建成了直径 305 米的固定球面射电望远镜。1971 年，德国建成直径 100 米的可跟踪抛物面射电望远镜。2016 年，500 米口径球面射电望远镜（FAST）在中国贵州落成启用，成为当时世界上最大口径射电望远镜。

20 世纪 90 年代初，人们开始酝酿建造组合式的射电望远镜——平方千米陈列望远镜（SKA），这是由全球十多个国家计划合资建造的、世界最大的综合孔径射电望远镜。为避免干扰，SKA 的设备选址在澳大利亚或者南非的无线电宁静区。由数千台天线组成的 SKA，将分布在直径 3 000 千米的广大区域内。预期 SKA 的灵敏度是现有最好射电望远镜的 50 倍，有可能观测到宇宙大爆炸后诞生的首批恒星和星系，并将用于探测暗能量、超大质量黑洞并合时产生的引力波和外星智慧生物。

射电波段的范围很宽，从最短的亚毫米波到长波端的米波甚至更长。为了对天体性质取得较完整的认识，需要有不同波段的射电望远镜，如米波望远镜、毫米波望远镜、亚毫米波望远镜等。从技术上看，波长越短，射电望远镜的制造难度越大。

为何需要射电天文？天体不仅发出可见光，有的还会发出射电波。有些天体发射的可见光并不强，但射电辐射却很强，如银河系内的射电星和射电星系等。这取决于天体的物理性质，可见射电观测有助于对天体性质的全面了解。另外，射电波能穿透光波无法通过的星际尘埃区，可探测到光学方法所不能及的天体和天象。例如，银河系旋涡结构的图像，最初就是通过射电观测取得的。

用相隔几千千米或更远的两台或多台射电望远镜，同时观测同一射电源并进行干涉测量，其测量精度和图像分辨率在目前是最高的。这种技术称为“甚长基线干涉测量”。参与干涉的望远镜之间的距离称为“基线”,基线越长,观测的精度和分辨率越高。这种技术可以获得有强射电辐射的河外星系的精细结构图像,光学望远镜至少目前还无法做到。为增加基线长度,目前已实现了地面和卫星上望远镜之间的干涉测量。有人设想,一旦技术成熟可以把射电望远镜安放在月球上,并同地球上的望远镜进行干涉测量。这时基线长度可达 38 万千米以上,精度和分辨率会极大地提高,可见射电天文有着广阔的发展前景。

射电天文学的发展,为古老的天文学开拓了全新的探测研究途径。20 世纪 60 年代著名的天文学四大发现(类星体、脉冲星、星际分子和微波背景辐射)都是用射电天文方法发现的,其中脉冲星和微波背景辐射的发现分别获得了 1974 年和 1978 年的诺贝尔物理学奖。

遗憾的是,年轻有为的工程师和天体物理学家央斯基于 1950 年因心脏疾病而英年早逝,享年仅 45 岁。为了纪念他的功绩,1973 年 8 月国际天文学联合会第十五次大会通过一项决议,用“央斯基”或“央(Jy)”作为射电流量密度的计量单位,1 央 $= 10^{-26}$ 瓦/(米^2·赫)。

大气层的捣乱

地球有一层厚厚的大气,它有效保护地球表面和人类免遭流星体及各种地球外辐射的致命轰击。然而,对于天文观测来说,大气层却是有百弊而无一利。

人造卫星上天前,除利用飞机和高空气球外,所有天文观测都是在地面上进行的。这种情况下,来自天体的可见光和其他波段辐射必须先穿过大气层,然后方能到达地面接收设备,天文观测必然会受到地球大气的多方面影响。

首先是大气层对天体辐射在路径方向上有折射作用,称为"大气折射"。地球大气密度由高而低逐渐增大,天体辐射穿过大气层时的路径不是一条直线,而是一条曲线。大气折射的主要效应是使天体的观测位置较实际位置沿着垂直方向有所抬高,天体的高度越低,这一效应越显著,地平线附近可达到30′左右。另外,由于地球大气密度分布的复杂性,大气折射也会使天体的方位角发生少许变化。

在某些旅游项目(如游黄山)中,观赏日出是一个重要看点。请记住,由于太阳的角直径约为30′,所以当你看到太阳圆面刚好整个升出地平线之际,实际上太阳圆面的上边缘恰好位于地平线之下,而观赏者通常不会意识到这一点。

地球大气处于不停运动之中,大尺度上主要表现为风,极小尺度上还有大气微团的快速、不规则运动,即湍流。湍流会使星象观测位置不停地作小幅度快速变动,称为"大气抖动"或"星象抖动"。大气抖动程度的大小常用天文视宁度来表征,抖动越小视宁度越好,天体的成像质量越高,对天文观测越有利。因此,对于光学望远镜来说,在天文台选址时,除了晴夜的天数要多,还必须充分考虑到当地的大气视宁度。大气湍流的另一个效应是使天体的亮度出现短时标的明暗变化,称为"大气闪烁"或"星光闪烁"。大气闪烁同样会影响到天体的成像质量。

大气折射率与辐射波长有关,短波段辐射的折射效应比长波段辐射的来得显著,这就是大气色散。由于大气色散,天体的像会沿垂直方向拉长，形成一条短光谱，其中红端位于下方，视宁度良好的条件下有望观测到这一现象。地平高度为60°时这条光谱长约3″，而且越接近地平线光谱越长。

随着新成像技术的发展，上列各种大气效应对天文观测的影响已经可以有效地加以克服，或者能在相当程度上予以削弱。例如，斑点干涉测量（即星象复原）技术可以有效克服大气抖动的不利影响。

地面观测无法消除的大气效应就是大气消光。它会因地球大气的吸收和散射作用，使望远镜所接收到的天体的辐射强度有所降低。除大气成分和大气层厚度外，大气消光量还与辐射的波长有关。在可见光波段，大气对短波辐射的消光作用比对长波辐射来得大，这种效应称为“选择消光”，其结果是使天体的颜色变得偏红。太阳在接近地平线时呈现红橙色就是这个原因，这时阳光穿越大气层路径特别长，阳光变得明显偏红。

由于地球大气的消光作用，只有某些波段的辐射才能穿透或部分穿透大气层到达地面而被接收到，这些波段所处的范围称为“大气

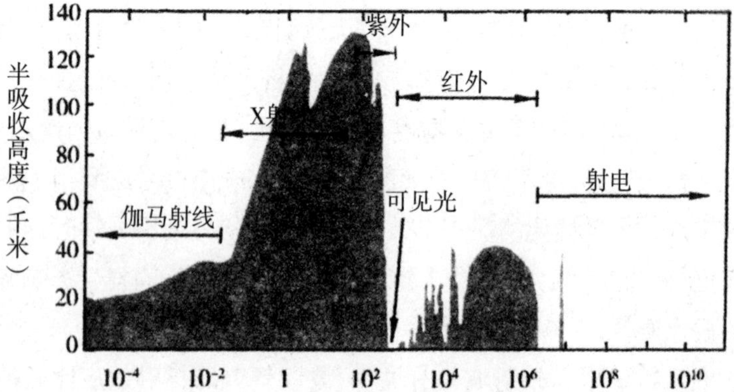

大气窗口

窗口”。有些波段的辐射在到达地面之前会被大气全部吸收掉，地面上根本无法进行观测。

大气窗口包括光学窗口、红外窗口和射电窗口。300～700纳米的可见光波段是光学窗口，光学望远镜可以通过这个窗口观测到不同颜色的天体。红外窗口较为复杂，其中短波段红外辐射由于水汽和二氧化碳的吸收，形成若干吸收带，在带与带之间的空隙处则存在一些红外窗口。具体说，17～22微米是半透明窗口；对22～1 000微米的辐射，大气变得完全不透明，不过如果把望远镜放在高山上，还是能在这一波段内找到一些红外窗口。地球大气对10兆赫到300吉赫的射电波是透明的，或表现为部分透明，这一波段就是射电窗口。最后，对紫外线、X射线和γ射线这些短波段辐射来说，大气几乎是完全不透明的。

要想彻底消除大气层对天文观测的影响，唯一的做法是把天文望远镜和相关后端设备放到大气层外去。这正是为什么要花费巨资发射各类天文卫星，在卫星上进行空间天文观测的主要原因。

望远镜纷纷上天

为从根本上克服地球大气层的影响，把望远镜放到天上去实乃必由之路。要想实现在几百千米的高空甚至更远距离处成功观测各类天体，其技术难度可想而知。尽管如此，人类凭借自己的智慧和努力，在空间天文领域取得了辉煌的成就。

1957年，苏联第一颗人造卫星上天，标志着人类已进入空间时代。所谓空间天文，通常指红外天文、紫外天文、X 射线天文及 γ 射线天文，当然空间技术也能用于可见光和射电观测。

1800 年，威廉 · 赫歇尔发现了太阳的红外辐射。1869 年，英国人帕森斯测量了月球的红外辐射。20 世纪 20 年代，有人对行星和恒星进行红外探测。由于缺乏有效的探测设备，早期红外天文的进展颇为缓慢。1965 年，美国人诺伊吉鲍尔建造了 1.5 米口径的红外望远镜，并发现了以红外辐射为主的红外星，从而揭开了现代红外天文研究的序幕。

作为美国、英国、荷兰联合项目的 IRAS 于 1983 年 1 月升空，它是第一颗红外天文卫星，望远镜口径 0.6 米。该计划取得很大成功，共探测到约 35 万个红外源。红外波段对探测深埋于气体尘埃云中的原恒星或年轻星非常有效，有关资料对研究恒星、星系的起源和早期演化具有特别重要的意义。IRAS 的成功，极大地推动了红外空间天文的发展。1995 年 11 月，欧洲、美国、日本合作的红外空间天文台 ISO 成功发射，望远镜口径 0.6 米。ISO 的各个方面性能比 IRAS 都要胜出一筹，不过 IRAS 是普查式观测，ISO 是定点观测，两者功能有所不同。

紫外波段的范围为 10 ～ 400 纳米，地面上几乎不可能探测到。1972 年 8 月美国发射的“哥白尼”号卫星开始了对非太阳系天体的紫外观测，望远镜口径 0.8 米。嗣后，一些国家相继发射了不少紫外天文卫星，如 1978 年 1 月美国、欧洲诸国联合研制的“国际紫外探测者”号，1999 年 6 月美国发射的“远紫外光谱探测者”号等。这些卫星的观测工作覆盖了整个紫外波段，取得许多重要成果，特别是加深了对星际物质成分的认识。

X 射线的波段范围为 0.001 ～ 10 纳米，只能在大气层外观测。1970 年 12 月美国发射“自由”号 X 射线卫星，经 3 年系统巡天，发表了 X 射线源分布图，共汇集 231 个源，包括第一个黑洞候选天体，并探测到许多星系团都是 X 射线源。1978 年 11 月，美国研制的“爱因斯坦天文台”升空，卫星上首次安装了大型掠射 X 射线望远镜，这是因为 X 射线虽然不能通过折射和反射成像，却能在非常倾斜的掠射角下产生全反射并聚焦、成像。用这类 X 射线望远镜获得了河外星系中的单个 X 射线源像，并发现几乎所有已知的类星体都是 X 射线源。

进入 20 世纪 80 年代后，一些国家相继发射了若干 X 射线卫星，其中有代表性的是“伦琴 X 射线天文卫星”，于 1990 年 6 月由德国、英国和美国联合发射。该卫星获得了许多重要发现，如观测到蟹状星云脉冲星的吸积盘和喷流，取得超新星遗迹和星系团 X 射线辐射的细节图像，等等。另外，2017 年 6 月中国成功发射首颗硬 X 射线空间天文卫星“慧眼”。

γ 射线的波长短于 0.001 纳米，观测只能在高空进行。一般而言，天体的温度越高，辐射波长越短。因此，γ 射线(以及 X 射线)观测主要用于认识高温天体和宇宙中发生的高能物理过程。1972 年 3 月，欧洲空间局发射了 TD−1Aγ 射线天文卫星，用于观测太阳、恒星和河外天体的 γ 射线辐射。此后，一些国家又陆续发射了若干 γ 射线天文卫星。例如，2004 年 11 月美国发射的“雨燕”号 γ 射线天文卫星，目标是对大范围天区内的众多 γ 射线暴(宇宙中 γ 射线流量短时间内急剧变化的现象)进行详细观测。2005 年 9 月 4 日，“雨燕”号首次观测到了 130 亿光年远处一颗恒星发生爆炸的迹象——γ 射线暴。该事件发生在 130 亿年前，说明作为暴源的恒星可能在宇宙诞生后最多 7 亿年就已寿终正寝，变成了一个黑洞。

摆脱了地球大气的影响，望远镜在天上大显身手，取得了许多地面望远镜所无法取得的重要成果。

去月球上观天

自阿波罗载人登月计划实施后不久，已有人开始探讨在月球上开展天文观测的可能性。20世纪80年代后期，有关科学家在美国召开了一系列会议，对涉及月基天文学的一些问题进行了较详细的讨论。随着空间技术的进展，在未来几十年内人类完全有可能建立月球工作基地，并开发、利用月球上的资源，而把望远镜放到月球上去很可能成为首选项目之一。

人们已经充分认识到，人造卫星天文观测的环境比地面天文台观测的优越得多。但是，人造卫星一般离地面不太远，还是有可能受高层大气的不利影响。稀薄的高空大气仍会对人造卫星运动产生阻力，使人造卫星运行轨道不断降低。要延长工作时间，必须适时重新推动卫星。近地人造卫星运行速度约8千米每秒，与大气微粒相碰撞时可能受到损坏。失重环境下要保证望远镜对目标的高精度指向和跟踪，需要很高的技术。此外，由于人造卫星绕地运动周期为90分钟左右，连续工作时间不可能很长，天文观测会受到一定限制。还有，一旦仪器出现故障，派人去维修需要花很大的代价。要是把望远镜放到更高的轨道上去，残余大气影响会大大降低，观测环境和效率也将大为改善，但对人造卫星上仪器进行维修就更困难了。

要想从根本上克服这些缺陷，就需要为天文望远镜找到比人造卫星更好的观测平台，于是人们想到了地球的近邻——月球。

经仔细论证后发现，月球作为天文观测基地有着人造卫星所不能企及的一些重要优点。月球表面可以为安置望远镜提供一个极为稳定的巨大平台，可采用结构较简单、造价较低廉的望远镜指向和跟踪系统，失重状态下的人造卫星对此望尘莫及。月球表面重力只有地球表面的1/6，从这点上说在月球上建造大型建筑物的技术要求会比地球上来得低。月球上没有空气，表面环境处于超真空状态，没有大气因素的不利影响。如果想得更远些，经充分开发后月球还有可能为人类在月球上工作和生活提供必需的原材料和资源。上述因素都是在月球上安置天文望远镜乃至建造天文台的有利条件。

从天文观测自身来看，月球离地球30多万千米，受人类活动的影响比人造卫星小得多。月球始终以同一面对着地球，要是把观测仪器放在月球背面，地球和地球人活动的影响就几乎不存在。月球天空即使在大白天也近乎全黑，自转周期长达近一个月，月面望远镜能观测到视线所及的几乎全部天区，能对暗弱天体进行长时间累积曝光。最后，月球并不太远，无线电信号往返地月间一次不到3秒钟，天文观测可以很方便地通过遥控方式自动进行，海量数据也不难传回地球，天文学家无须亲自登月观测。

人类对月球的开发和利用势在必行。因此，与其他空间天文手段相比，开展月球天文观测的最大优点也许还在于，随着月球基地的不断完善，天文工作所需的人力、物力支援可以就近提供。同人造卫星相比，在月球上建造大型、复杂的天文观测设备成本低廉、安装简便，仪器的所有零部件都能由技术人员进行实地维护和更新，而这类工作对人造卫星来说是相当困难的。当然，月球距离地球比近地人造卫星远1 000倍左右，把望远镜送上月球的成本比较大。但是，即使就目前技术水平来看，在这点上首先需考虑的不是距离远近，更重要的是飞行器到达目的地所需能量的大小。实际上，到达月球表面所需的能量只是发射近地人造卫星的2倍左右。随着航天技术的进

月球天文台

步，这一差距还会逐步缩小。

任何事物都有两面性，开展月基天文学也有自身的一些困难，许多细节问题有待进一步探究。真空条件下人怎样才能做到有效工作？如何防止宇宙线和微陨星对人和设备的潜在威胁？怎样克服月面昼夜温差剧变的影响？此类问题有待仔细研究并加以解决。

科学目标首先是要合理设想，然后努力去做，直至最后做成，开展月基天文观测也必然经历这样一个过程，尽管现在看来好像有点想入非非。2013 年 12 月，中国嫦娥 3 号探测器登陆月球，其携带的月基天文望远镜（LUT）是中国首个长期基于月球表面的天文望远镜。

真正实现月球天文观测无疑还需走很长的路，月球基地的充分开发和利用更是一项耗资巨大的工程。不过，有充分的理由相信，人类必将克服种种困难，朝着这一既定目标稳步前进，并在这一进程中，把自身的科技水平和对宇宙的认识提到崭新的高度。

引力波探测

目前可用来追溯宇宙早期演化史的最古老“化石”是微波背景辐射。不过，它所反映的已是宇宙 37 万岁时的状态，在这之前任何电磁辐射都不存在。天文学家非常希望通过实测来探究宇宙更早时期的状态,对此多波段观测亦无能为力,必须另辟蹊径。

1916年,爱因斯坦从理论上证明,引力以波的形式向四周辐射,即存在引力波。引力波通过时会使物体发生形变,或者引起两物体间距离的短时标变化。引力波能量越强,此类变形或距离变化也越大,所谓“引力波望远镜”就是根据这一原理建造的。宇宙极早期所发生的各类事件都会产生强大的引力波,这种原始引力波能毫无阻挡地穿越原初宇宙的高密度区域。只要能捕捉到这类引力波,其反映的时代就比微波背景辐射所能提供的更为久远,从而获得有关原初宇宙甚至宇宙诞生时的宝贵信息。

引力波望远镜完全不同于传统望远镜,本质上说应该称为“引力波探测器”。观测天体电磁辐射的望远镜,工作时都必须对准某个目标天体或天区。引力波探测器与之不同,它并不特意瞄准设定的目标,而是全方位同时监测可能通过的引力波。一旦收到某种信号,必须进行认真细致的分析,以期识别波源所处的位置,进而设法找到对应的天体。传统望远镜的基本功能是收集天体的辐射,但引力波望远镜并不起收集引力波的作用,而是通过引力波作用下发生的共振和变形来探测引力波。

引力波通过时所引起的物体形变或距离变化极为微小,探测非常困难。举例来说,要是有两个物体分别放在太阳和地球的位置上,那么当超新星爆发所产生的引力波通过时,物体间距离的变化只相当于原子直径大小。可见引力波探测设备必须具有极高的灵敏度。

美国物理学家韦伯可算是尝试引力波探测的第一人。他于20世纪60年代设计了一根大型铝质圆柱棒(后人称“韦伯棒”),用作探测引力波的天线;引力波通过时棒的长度应该发生微小的变化,而这种变化可转化为电信号来加以探测。为确认收到的信号起因于引力波而不是噪声，韦伯在相距 1 000 千米的两个地方安置了两个棒状天线。

1969 年，韦伯宣称探测到了引力波——两根铝棒同时收到了同样的信号，一度在学界引起很大轰动，但后来许多人的重复实验都一无所获，未能证实韦伯的结果。而且，韦伯声称记录到的信号强度，远远大于超新星爆发所能产生的引力波效应，说明根本不可能是来自天体的引力波，有人认为很可能起因于高能宇宙线的轰击。尽管对韦伯的结果一直存在争议，但他的实验被认为是开创引力波天文学的重要事件。

目前，世界上有多台引力波探测器在工作，原理类似于韦伯探测器的装置就有 5 台，分别安置在意大利(2 台)、瑞士、美国和澳大利亚。另有一类称为引力波干涉天线的新型探测设备，如美国的 4 千米激光干涉仪引力波观测站，德国的 600 米欧洲引力波观测站(英德联合计划)，日本的 300 米激光干涉仪引力波天线，意大利的 3 千米干涉仪(法意联合计划)。人们还设想进一步创造条件把这些干涉仪联合起来，构成全球性多台站引力波检测网络，以更精确地确定引力波波源的位置。激光干涉引力波观测站于 2015 年首次探测到引力波。

上述设备的探测能力无疑会受地面噪声的限制，而来自天体的引力波信号又极为微弱。为克服这一缺陷，美国和欧洲正在联合酝酿一项由 3 颗人造卫星组成的空间引力波探测计划(LISA)。这 3 颗人造卫星组成一个边长约 500 万千米的大三角形，卫星间通以激光束，以精确测定它们之间距离的变化，从中探知是否有引力波通过，灵敏度比地面设备高 100 倍。LISA 还可与地面干涉仪配合，以获得更可靠的探测结果。

引力波探测计划的实施自然需要投入大量的人力、物力、财力，而天文学家则希望由此能获得重大科学产出，其中包括了解宇宙极早期的性质。引力波显然是一个崭新的观测窗口，引力波信息完全不同于电磁波，对引力波的科学研究使人类认识宇宙的进程迈入一个全新的阶段。

时间与历法

shijianyulifa

时间难以下定义

在现代社会的生活和工作中，往往需要对一些概念（其中包括科学术语）给出明确的定义，以区别与之不同的其他概念。例如，几何学上的“平面三角形”可定义为“平面上由3条直线段首尾顺次连接构成的图形”，天文学上的“天文单位”可定义为“地球到太阳的平均距离”，等等。

然而，对有些概念或者科学术语却很难下一个简单而又确切的定义，天文学领域中的“时间”（还有“空间”“宇宙”等）即属此列。

时间，吾等须臾不会离之，却又实难捉摸。如果你仔细想一想，对于什么叫做时间，确实很难给出一个简单、通俗而又确切的定义。

尽管如此，还是可以对时间的内涵作一番实用意义上的讨论，从而对“时间”这一概念取得较为深入的了解。

不管怎么说，时间显然可以有两层相关而又不同的含义。其一是时刻，即某一瞬间在时光流程中的位置，比如“某航班飞机从上海虹桥机场起飞的时间是8月11日下午3时15分”。其二是时间间隔，即两个不同瞬刻之间的时间长度，如“这架飞机从上海到北京的空中飞行时间为1小时40分钟”，时间间隔的长度需要用时间单位来量度。第一层含义的关键之处在于规定或选定一个通用的量度时间流程的起始点，如元旦（1月1日）便是公历年的起算日，并为世界上大多数国家所采用，可见相对来说所考虑的问题比较简单。第二层含义涉及人类在地球环境中的日常生活和社会活动，情况较为复杂些。

当然，这两层含义并非可以完全割裂开来，它们之间显然有着密切的联系。

人们应该选用何种时间单位，以方便于自己的各类活动？

一方面，地球有自转运动，这是造成昼夜交替的原因，自转一周所经历的时间长度是 1 日（天）；另一方面，地球绕太阳公转一周为 1 年，天文学上称为“1 回归年”，这是地球上春夏秋冬四季变化的周期，而造成这种变化的主要原因是地球自转轴与黄道面斜交 66.5° 角。为便于日常生活和工作，又引入了另一种时间单位——月，这是月球绕地球公转运动的周期，天文学上称为“朔望月”，它反映了月球圆缺变化（月相）的周期。“年”“月”“日”都是时间单位，可见由于人生活在地球上，地球（以及月球）的客观运动规律便构成了时间间隔计量单位的自然基础。

在日常生活中，为了使用上的方便，又把 1 日等分为 24 时（小时），1 时等分为 60 分，1 分再等分为 60 秒。此外，其他常用的时间单位还有“星期”（7 日）、“世纪”（100 年）、“年代”（10 年）等。

以决定昼夜变化规律的地球自转周期“日”，作为最基本的时间计量依据，主要是为了便于安排地球人的生活和工作。同时，地球自转相当均匀，不啻是一台质量非常好的“钟”，可以用来准确地计量时间。

无论是计量某一事件发生的时刻或经历的时间间隔，所取的时间精度可按具体事件的需要而不同。对于日常生活和工作、活动等安排，精确到“分”也就足够了。例如，上下班时间、列车的出发和到达时间、每年一次的高考中考时间等，此类群体性活动的时间通常只需精确到“分”，不需要非精确到“秒”不可（尽管考试开始或结束的铃声会按秒响起，但监考老师收发考卷仍需一段时间）。然而，在有些场合中，时间计量必须有更高的精度，如百米赛跑成绩的计时现已精确到 0.001 秒，而这“区区”0.001 秒便可判定谁是奥运会冠军或是否打破世界纪录。在科学研究中，特别是天文学上有更为极端的例子，如理论上的普朗克时间是10^{-43}秒，宇宙年龄为137亿年，等等。

百岁人瑞的年龄略长于30亿秒，尚不及宇宙现在年龄的亿分之一，“人生苦短”，来到这个世界上的每一个人理当珍惜自己“短暂”的一生。

北京时间和“北京的”时间

尽管很难给时间下定义，但为达到实用目的，由不同概念形成的不同时间种类颇多。

为表述一日内的时间流程，约定每天太阳位于地平线以下最低处（称“下中天”）的时刻为一日中的0时（子夜），作为一天内时间计量起算点，而太阳位于地平线以上最高处（称“上中天”）的时刻为12时（正午），一日内共24小时。

因地球自转，同一时刻不同地方的太阳位置是不一样的。在上海，太阳上中天时，上海以西地方太阳还未到达上中天，而位于地球另一侧与上海经度相差180°的地方此刻太阳恰好位于下中天。可见，不同经度地方一日的起算时刻（0时）是不同的。地球自东向西一天转过360°，地理经度每相差15°，同一时刻的时间就差1小时。如上海是上午10时，上海以东经度差15°地方的时间是上午11时，上海以西经度差15°地方的时间是上午9时，等等。

同一时刻不同经度地方的时间不同，这就引出了地方时的概念，即以观测地太阳位置所确定的时间系统。地方时取决于经度，与纬度无关。

为便于比较同一时刻不同地方的地方时，需确立一个统一的“标准”地方时，各地地方时都与它进行比较和换算。因历史上的原因，这个“标准”约定为位于英国伦敦格林尼治天文台旧址所在地，该地的地方时称为“世界时”，也就是格林尼治地方时。

地方时系统与地球自转规律相符，正午总是12时，子夜必为0时(24时)，显然很科学，但实际上却无法在生活中具体实施。设想不同地方都采用本地地方时，如有人从上海出发去任何与上海经度不同的地方旅游，飞机起飞和到达时间如何认定呢？人们总不能因为住处和工作地经度的不同而频繁地拨自己的手表。

为此，早在1879年人们就提出了一种解决方案——对整个地球划分时区并设定区时：约定全球按地理经线等分为24个时区，各占经度15°。格林尼治天文台旧址所在地的经度为0°，作为全球经度的起算点，向东为东经，0°到180°；向西为西经(用负数表示)，0°到−180°。称经度−7.5°到7.5°的区域为0时区，向东经度每跨15°，依次为东1时区、东2时区……直至东12时区；类似地向西有西1时区、西2时区……直至西12时区。东12时区也就是西12时区，时区总数为24个。

规定同一个时区内一律采用中央经度的地方时作为整个时区的统一时间系统，称为“区时”。因此，0时区的区时就是世界时，东1、东2……时区的区时是东经15°、30°……地方的地方时；西半球区时可相应类推之。

北京地理经度为东经116° 22′，属东8时区，该时区区时是东经120°地方的地方时。中国采用的“北京时间”指的是东8时区的区时，而不是北京的地方时，两者之间约差15分钟。因此，在电台发出“北京时间12点准”的信号时，要再过近15分钟才是北京当地的正午。其他地方的情况与之类似，地方时与北京时间的差数随经度的不同而异。

区时是理论上的规定，世界上各个国家为使用上的便利，根据自身情况对理论区时进行了调整，并由国家以法令形式颁布实施，称为“法定时”，相应的时区称为“法定时区”。理论时区和法定时区的不同在于理论时区以经线为界，界线是规则的；法定时区在陆地上常以政区界线为界，界线一般并不规则。

多数国家的法定时同国家主体部分所处的理论时区区时相一致。例如，丹麦全国处于东1时区，法定时即为东1时区区时；日本大部分在东9时区，少部分在东8时区和东10时区，采用的法定时是东9时区的区时。

中国跨5个理论时区(东5到东9时区)，本应采用5种不同的区时，但为便于不同地区的联系和协调，新中国成立后全国统一采用北京时间作为法定时。这种规定也有不利之处，举例说3月的早上6点左右，东部北京、上海等地的天空已经放亮，但新疆西部天空仍是漆黑一片，东部地区人员去那里出差会感到很不适应。

时间的概念不只限于上面提到的几种，还有太阳时、恒星时、平时等(参见“过去的一年曾有400天”)，这里不再展开。

1分钟有时会有61秒

2008年末，媒体曾报道当年12月31日23时59分含有61秒，而不是60秒——2009年将迟到1秒钟，这多出来的1秒称为“闰秒”。

“闰”者余数之谓也，指的是某种非常态。闰年和闰月已为人们所熟知，它们有着严格的置闰规则，但闰秒的设置却与之大不一样。

自确认地球自转速率存在微小变化以来，科学家提出以更为稳定的原子时取代世界时作为时间计量标准(参见“过去的一年曾有400天”)。但是，新问题随之而来：尽管原子时系统中的日长比世界时日长更恒定，但人的生活和工作节奏却必须纳入世界时系统——决定昼夜变化规律的是世界时而不是原子时。因地球自转速率的变化，这两种系统中的时刻并不严格同步。经若干年后，世界时系统总的时间长度 t_1，就有可能与原子时系统中同样秒数的时间长度 t_2 明显不一致，且会逐年累积。

为此世界各国约定，自1972年1月1日起，凡出现 $\Delta t = |t_1 - t_2| \geq 0.9$ 秒时，需在当年年中(6月30日)或年底(12月31日)对世界时增加或减去1秒，以削弱或消除两种时间系统所示时刻的差异，这一另类的1秒称为“闰秒”或“跳秒”。如果世界时时刻相对落后需添加1秒，是为“正闰秒”，改正当日最后一分钟(23时59分)便有61秒，而不是60秒。反之，如果世界时时刻相对超前则需减去1秒，称为“负闰秒”，当日的最后一分钟仅含59秒。设置闰秒可保证同一时刻两种时间系统所示时间之差不超过1秒。

例如，1979年底曾设置一次正闰秒，该年12月31日的最后1分钟有61秒，而这一天就有86 401秒，而不是通常的86 400秒。注意，这里的“当日最后一分钟”是指格林尼治时间，即世界时，而不是各地的地方时，全世界须在同一时刻增减闰秒。就1979年底的那次闰秒而言，对采用北京时间(与世界时相差8时)的中国来说，含闰秒的那1分钟是1980年1月1日的7时59分，而不是1979年12月31日23时59分。

世界时取决于地球自转，本质上是一种天文时，尽管以现代的观点来看世界时系统不够均匀，但它与人类社会的运作节奏密切相关。原子时是一种物理时，它比世界时系统更为恒定，但理论上说与人类活动并无必然联系。因此，从实用上看，与其说闰秒的设置是为了及时补偿世界时的不均匀性，不如说是要使物理时尽可能向天文时靠拢。

区区 1 秒，瞬息即逝，即使有媒体做了相关报道，公众对此并不十分关注，更不会在意自己的表到底是快了一点还是慢了一点。那么，为何非设闰秒不可？

俗话说水滴石穿，积少成多。1 秒钟虽短暂，但如常年积累，总有一天会出现无法容忍的结果。从 1958 年引入原子时系统至今的半个世纪内，两个计时系统已累计相差 33 秒，或者说地球自转慢了半分钟左右。按这种速率推算，如不设闰秒，那么约经 5 000 年后原子时便会比世界时快 1 个小时。设想有一台钟面设计为 24 时（而不是常见的 12 时）样式的计时钟，并严格按原子时系统匀速走动，今天钟面时 12 时所对应的是太阳高照的“正午”时刻。那么，经 60 000 年后，该钟钟面时 12 时之际所对应的恰好是与“正午”相反的“子夜”。显然，人们不希望未来会出现此类钟面时与现实天象之间的“昼夜颠倒”或“晨昏错位”现象，闰秒的提出和设置即因此而生。

闰秒设置并非易事，所有涉及时间显示的系统，都须在同一时刻作出调整以求全球统一，付出的成本可是不小。据此，一些学者明确提出应该废除闰秒的概念，置世界时于不顾而直接采用原子时，从而避免全世界为这短短的 1 秒而兴师动众。为不致有朝一日可能出现钟面时与现实天象明显错位的现象，必要时可通过设置“闰时”来加以解决，而这是 5 000 年后才需做的事——毕竟钟面原子时与反映天象的世界时相差 1 小时对人类社会不会有太大的影响，而每隔若干年就需设置闰秒的全球性麻烦也就不复存在了。

重赏之下自有勇夫

现代人只要手持一部小巧的智能手机，就能很快测出自己的位置。可是，历史上为找到测定地理经度的方法，人们大约花了 2 000 年的漫长时光。

公元前 2 世纪的希腊人已意识到，同一时刻不同经度两地地方时之差就是该两地的经度差。可见，为测出两地的经度差，需找到某种事件，并能在两地同时测得发生该事件的地方时。古希腊天文学家喜帕恰斯指出，月食有望用来解决这一问题，月食过程中的一些特征天象，如初亏、食甚等，对不同地方观测者来说都是在同一时刻发生的。喜帕恰斯没有说明如何测定地方时，只是从理论上提出了一种方法。

13 世纪起欧洲航海活动规模不断扩大，船队会到达一些遥远的陌生港口，航海家们只能借助罗盘、铅垂线及对船速的估计，来粗略测定这些港口的地理位置，结果很不可靠。

当时已有了早期的航海历，能较好地预报不同时间太阳、月球和几颗大行星的位置，以及日月食、月掩行星等天象发生的时间。14 世纪机械钟问世，为月食法的应用创造了条件。据传，哥伦布曾利用一次月食事件测得某港口的经度，还有人利用月掩火星天象来测定经度。不过，此类天象太过罕见，对于测定航行中船舶的地理位置并无实用价值。

1530 年，荷兰数学家弗里西斯提出，只要在出海前带上一台好的钟，并保持不间断正常运行，那么钟面时与某地地方时之差就是相应两地的经度差。这就是“时计法”。

测定经度需一架走得很准的钟，以及能测出地方时，而这两点在16世纪都做不到。随着海上贸易日趋频繁，问题变得更为迫切，一些欧洲国家试图用巨额悬赏来寻求解决办法。例如，1598年西班牙国王的经度赏金为9 000块旧金币，同时期荷兰国会的赏金相当于当时的9 000英镑。1714年，英国国会下设的“经度委员会”的赏金与经度测定的精度挂钩：误差小于60海里赏金1万英镑，小于40海里者1.5万英镑，小于30海里为2万英镑。18世纪初，法国议会还在为经度测定提供各种单项赏金。

高额赏金尽管诱人，到手可不容易，一些可笑的无知妄说亦因之流传。如《堂吉诃德》作者塞万提斯等一些西班牙作家，居然把这一严肃的科学问题嘲笑为“有那么几个疯子”妄图找到“经度”。经度问题的名声之大甚至进入了小说——1726年出版的童话小说《格列佛游记》中，主人公格列佛的三大梦想之一就是在有生之年能看到“经度能被找到”。

应征西班牙经度奖最有名人物当推伽利略，他指出可用木星卫星进入木星影子的卫星食现象来测定两地经度差。卫星食比月食常见得多，每晚可发生1～2次，实用性就强了。1616年，伽利略向西班牙方面申请经度奖，但未获成功。1636年，他向荷兰进行试探，强调为这项工作已花了24年。尽管荷兰议会有意采纳他的建议，但此时的伽利略因宣传“日心说”已被罗马教廷软禁，据说宗教裁判所拒绝让他去接受荷兰政府赏给他的金项链。

17世纪下半叶，法国国王路易十四决心使法国在科学上及海上处于世界领先地位。1666年法国科学院成立，1667年巴黎天文台建立。英国于1662年建立伦敦皇家科学院，1676年建成格林尼治

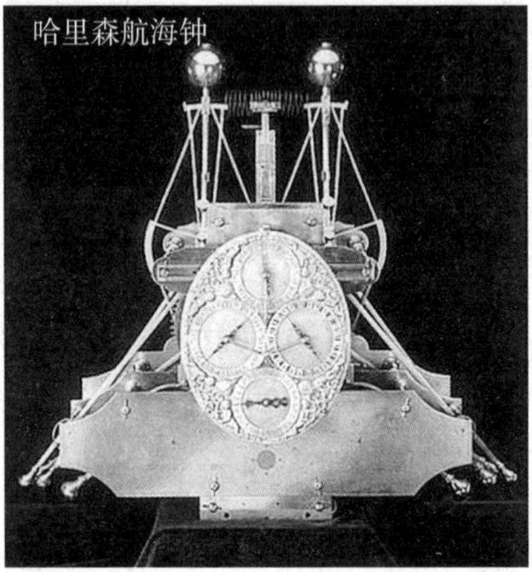

天文台。天文台的建立为编制高精度星表铺平了道路。1757年，船用六分仪问世，它可以通过天体实测位置与星表位置的比照来确定船舶所在处的地方时。

"时计法"付诸实用还需有一架能在船上用的钟——航海钟。1730年，英国人哈里森带着他研究了4年的航海钟设计方案拜访了格林尼治天文台台长哈雷，受到哈雷的支持。1736—1763年间他又相继制造出4台航海钟，第四台航海钟在47天航行期内的误差仅为39.2秒，经度确定误差约为10英里(约合8.7海里)，比经度委员会最高奖金所要求的指标更为精确。据说哈里森获取2万英镑奖金的过程颇为曲折，其中一半还是在1773年由于国王查理三世相助，不是以奖金名义取得的。

航海者只需查阅航海历，并对照实测星空位置，便可确定船舶所在位置的地方时，航海钟解决了如何保持出发地的时间，人类最终找到了测定经度的方法，此后只是改进的问题了。

投票与交易

众所周知，过英国格林尼治天文台旧址的经线是地理经度的起算点，某种意义上可看作"世界起点"，而选定这个经度起算点可着实费了一番周折。

过起算点的经度线称为"本初子午线"，有了本初子午线后，才能确定各地的地理经度。本初子午线具有国际性，必须为全世界所公认。要是各国自定"本初子午线"，肯定会引起很大麻烦，甚至混乱，早期的情况正是如此。

最早，喜帕恰斯以他的观测地——爱琴海上的罗德岛作为经度起算点。后来，托勒玫以位于大西洋中非洲西北海岸附近的幸运岛为起算点，当时以为大地是平坦的，幸运岛是平坦世界的西边缘，理应作为世界的起点。

中世纪的情况变得更为复杂，各国我行我素，把本初子午线选为穿越自己国家的首都或经过主要天文台的经线。航海家们则另搞一套，他们会采用某一航线的出发点作为起算点，于是便出现诸如"好望角东 26° 32′"之类的经度表示法，显得颇为笨拙和可笑。直到 18 世纪初，大部分海图的经度原点仍取绘图国家所规定之原点，法国甚至一度在同一幅地图上出现多种比例尺，可谓混乱之极。

上述混乱状态早就引起有识之士的不满和思考，但想解决这个问题实际上颇为棘手。

1634 年 4 月，红衣主教里舍利厄在巴黎召集了一次国际性会议，欧洲当时一些最杰出的数学家和天文学家应邀参加，目的在于确定一个能为各国认可的经度起算点。会议最终选中了距幸运岛不远的加那利群岛最西边的耶罗岛，后人称为"里舍利厄本初子午线"。这次会议很大程度上带有政治因素，因为该本初子午线的认定，实际上是各主要国家势力范围的重新划分。法国国王路易十三在 1634 年 7 月发布的一道命令中，就提到"法国军舰不应该攻击任何位于本初子午线以东、北回归线以北的西班牙和葡萄牙的舰只"。意思是那个地区已划为西班牙和葡萄牙的势力范围。

1767年起，英国出版了根据格林尼治天文台观测数据所编制的航海历。此时英国已取代西班牙和荷兰等国而成为海上头号强国，英国版航海历自然广为流传，并逐渐为其他国家所采纳。这意味着格林尼治经线开始被一些国家用作绘制地图的本初子午线。如1850年美国政府决定船舶在航海中应采用格林尼治经线作为本初子午线，1853年俄国海军大臣宣布不再使用专为俄国制定的航海历，代之以格林尼治经线为本初子午线的航海历。

1870年起，各国相关学科的科学家们开始通力为全世界的经度确定寻找一个能达成共识的国际起算点。好事多磨，人们的意见并没有很快取得一致，甚至当著名铁路工程师弗莱明提议，世界各国应该有一个公共的本初子午线时，像皮亚齐那样的著名天文学家，居然反问："如果非需要这样一个公共原点不可，为什么不选取埃及的大金字塔呢？"

1883年，在罗马召开第七届国际大地测量会议，考虑到当时90%的航海家已根据格林尼治经线来计算经度，会议建议各国政府应采用格林尼治经线作为本初子午线。会议还提出，当世界各国采纳这种做法之时，英国应该将本国的英制改用法国人的米制(即公制)。以认可格林尼治经线作为本初子午线，来交换英国改用公制，这里是否有一笔幕后交易？须知当时美国尚未崛起，英、法两国都是举足轻重的强国，巴黎天文台的设立更早于格林尼治天文台，若法国对之坚决反对，事情可就不好办了。

问题于翌年最终得以解决。1884年10月1日，在美国发起下，在华盛顿召开了国际子午会议。10月23日，大会以22票赞成、1票(多米尼加)反对、2票(法国、巴西)弃权通过一项决议，向各国政府正式建议采用经过格林尼治天文台子午环中心的子午线，作为全世界计算经度起点的本初子午线。决议还详细规定经度从本初子午线起向东、西两边计算,分别从 0° 到 ±180°,向东称为“东经”,取正值,向西为“西经”,取负值。这一建议后来为世界各国所采纳,并沿用至今。

非阴非阳的中国农历

每逢岁末年初,每家每户会购买一张年历。年历总是按月份次序排列,其中用红字明确标出周末和节假日,中国年历同时还会注明农历的日期,以及节气和一些重要天象等出现的日期。编历向来是天文学家的分内事,而如何合理编制年历,便是历法所要解决的问题。

古今中外历法种类繁多,仅中国而言,从包括黄帝历在内的古六历起,直至采用现代公历,学者们先后提出的历法近 100 种,其中实际使用过的约有 60 种之多。从本质上看,为数众多的历法大体上可分为阴历、阳历和阴阳历三大类,其主要内容是要恰当安排好每一年和每个月中的日数。

日是地球自转的周期,而年和月分别以地球和月球的公转周期来定义。但是,它们都不是日的整倍数,1 回归年 = 365.242 2 日,1 朔望月 = 29.530 6 日,这种非整天数的周期不能直接用来安排人们的日常生活和社会活动。回归年和朔望月的长度取决于地球和月球的运动规律,它们客观存在而无法更动,而日子总得一天一天过,绝不可能每经 365.242 2 日换一个年份,或者每过 29.530 6 日换一个月份。所谓“历法”就是要合理地处理好这一矛盾。

历法中的“年”和“月”分别称为“历年”和“历月”,它们必须是日的整数倍,但可以不是常数。说得更明确一些,就是不同历年中的月数或者日数可以略有不同,不同历月中的日数也可以不完全相同,但长时期内历年的平均长度必须等于回归年,而历月的平均长度应接近朔望月。制订历法的要点,就是要恰当配置历年和历月,使之既符合天体的运动规律,又能方便人类的工作和生活。

阴历以月球公转周期为基础制订历法,历月长度接近朔望月,且平均长度等于朔望月,历年的平均长度则尽可能接近回归年。历年和历月设置的规则是:1 个历年含 12 个历月,大月 30 日,小月 29 日,尽可能交替安置。阴历历年长度仅 354 ~ 355 日,比回归年短 11 ~ 12 日,不符合四季变化规律。如阴历某年第一天(岁首,如中国的春节)在隆冬季节,那么经 15 ~ 16 年后,因为阴历历年的总长度会比同样年数回归年总长度短约 180 天,那时岁首就会移到盛夏季节。这种寒暑交替规律与月份不能保持一致,并随年而变所带来的不便显然难以为人接受,因而现在已很少有人用阴历了。阴历的唯一优点是历月中的日期始终能与月相保持一致。

阳历以地球公转周期为基础,原则是历年长度都非常接近回归年,平年 365 天,闰年 366 天。闰年设置的规则是,公元纪年数能被 4 整除的年份为闰年(其中公元纪年数能被 100 整除,但不能被 400 整除的年份除外),其余各年均为平年,400 个历年中共有 97 个闰年。这就是通常说的公历,为绝大多数国家所采

公历1957年8月20日即为农历丁酉年七月廿五

用。公历历年平均长度为365.242 5日，与回归年仅差25.92秒，经过3 333历年两者才会差1天，可见已足够精确。中国在辛亥革命后(1912年)采用公历。公历年长度(365日或366日)很接近回归年长度，与四季轮回规律相一致。不过，公历历月中的日期数与月相完全没有关系，且每个月的情况各不相同，这可算是一种缺陷，但与人们的生活和工作并无多大关系。

阴历历年没有天文意义，阳历历月没有天文意义，而“阴阳历”则是力图兼顾阴历和阳历的特点。中国农历属于阴阳历，它以朔望月为历月长度的基础，历月中的每一日期都有月相上的意义，平均长度等于朔望月；同时设置闰年和二十四节气，使历年平均长度接近回归年。

农历历月中大月30日、小月29日的安排严格取决于月相。规定每月初一必为朔日(月球未被阳光照到的一面正对地球时的那一天)，相邻两个朔日间隔为29天时安排小月，30天时为大月，因而可能连续出现2个大月或2个小月。农历历年设置的要点是：平年12个月，历年长354～355天；闰年13个月，历年长384或385天，增加的一个月称为“闰月”；19个历年中设置7个闰年，其总长度与19个回归年长度近乎相等，仅相差2时9分36秒。

公元纪年的由来

所谓“纪元”，是指从哪一年开始起算年份数，也就是为表达时间流程规定或约定一个年份的起算点。历史上看，不同国家，甚至同一国家的不同时期曾有过各种不同的纪元法，有的与皇帝的名号有关，有的把神话和传说中的事件作为起算点。如中国唐朝的“贞观元年”、清朝的“乾隆三十年”等,是自新皇帝登基之年起算的纪年法。古罗马的纪年方法与中国过去历朝的纪年法类似,常随着帝王的更换而改变,每一个新皇帝即位,纪年就重新开始。

由帝王称号纪年法产生的一个严重问题是缺乏长期连贯性,对确认早期历史事件的实际年代带来很大的困难,甚至无法解决。中国在1996—2000年间进行了一项重点科技攻关项目“夏商周断代工程”,其科学目标是要通过对历史学、考古学、文献学、古文字学、历史地理学和天文学等方面史料进行分析,来排定中国夏商周时期一系列重大历史事件的确切年代顺序,为研究中国5 000年文明史创造条件。要是从“三皇五帝”起中国就有统一连贯的纪年方法,这一攻关难题也就不存在了。

现行公元纪年法的确定与欧洲的宗教意识有关。

古代欧洲曾经有过从“罗马创建”之时起算的纪年法(尽管没有人能准确知道罗马帝国建立的确切时间),而这种纪年法在罗马帝国衰亡之后的相当长一段时期内仍为西欧各国所沿用。在“罗马创建”后的1284年,一位颇有学问的基督教僧侣狄安尼西提议,信奉基督教的国民不宜用“异邦”的纪年方法,作为年份始点的纪元必须从“基督诞生”之年起算。狄安尼西称,基督是在距当时532年之前诞生的,因而下一年应该计为公元533年。这一并无根据的观点后来为人们所普遍认同。可见,公元纪年法实际上是从公元533年起才开始采用,并不是从公元1年就启用的。中国在辛亥革命后(1912年)即采用公历,1949年起采用公元纪年。

狄安尼西为什么偏偏选择532这个数字,而不是其他数字呢?他自有道理。为决定基督教的节日及相应的天象,采用532这个数字在计算上会有不少方便之处。试把532作以下因数分解:532 =

$28\times19 = 7\times4\times19$，而因数 7、4、19、28 各有其奇妙之处：7 是一星期所含的日数；4 是阳历置闰的周期年数；而 19 是阴阳历置闰的周期数；28 年称为“太阳周”，每隔 28 年阳历各月份的日期数和星期数相同（凡越过世纪年有可能差 1 天）。19 年称为“太阴周”，是调和阴阳两历的周期——每隔 19 年阳历各月的日期有相同的月相（也可能相差 1 天），例如，公历 1957 年各个月份中的月相与 1938 年和 1976 年的相同。月球在古人宗教生活中占有重要地位，一些宗教节日的确定与月相和星期有关，所以狄安尼西采用 532 这个数字既具有宗教意义，又符合天象规律。

在这种公元纪年法中，比公元 1 年更早的一年记为公元前 1 年，并依次回溯纪年，如公元前 2 年、公元前 3 年……规定没有公元 0 年，这一点在对发生于公元前的重大事件（如名人诞生日等）做整数周年纪念时务必充分注意。

例如，孔子诞生于公元前 551 年（9 月 28 日），那么这位孔老夫子诞生 2 600 周年纪念应该在哪一年举行呢？如果做简单的减法 $2\,600 - 551 = 2\,049$ 而得出公元 2 049 年，那么这个结果是错的。正确的答案应该是 $2\,600 - 551 + 1 = 2\,050$，即孔夫子诞生 2 600 周年纪念应该在公元 2050 年举行。如用通式来表示，设某事件发生在公元前 A 年，则公元后该事件的 B 周年纪念日之公历年份 C 应该为 $C = B - A + 1$，而不是 $C = B - A$。

读者如果对此尚有疑惑，不妨设想某人生于公元前 1 年元旦（$A = 1$），那么他满 1 周岁（$B = 1$）的时间应该是第二年（公元 1 年，$C = 1$）的元旦，这 3 个数字满足通式 $C = B - A + 1$，如用 $C = B - A$ 来计算的话结果是 0 岁，显然错了。

如事件发生在公元（而不是公元前）A 年，则该事件 B 周年纪念日的公历年份 C 应该为 $C = B + A$。不过，这当然是不会弄错的。

农历闰月仅含一个节气

农历是中国的一种传统历法，相传始用于夏朝，故又称夏历，也叫旧历。几乎全世界的所有华人，以及朝鲜、韩国和越南等东亚国家，仍用农历来推算一些传统节日，如春节、中秋节、端午节等。农历纪年用天干、地支搭配，如甲子年、庚寅年等，60 年循环一圈，称为一个甲子。不少人误认为农历是阴历，实际上农历兼有阳历和阴历的特征，本质上属于阴阳历，亦可称阴阳合历。

农历的阴历特性是显而易见的，它以朔望月为历月长度的基础，大月 30 日、小月 29 日，平均长度等于朔望月。农历历月及每月的日期需用汉字而不是阿拉伯数字来表述，历月中的日期大体上与月相保持一致，如朔日必为初一，望日（满月）在十五或十六（少数在十七）等。

农历的阳历特性表现为设置二十四节气。节气在一个回归年内均匀分布，同一节气在公历中的日期大致固定，不同年份最多前后相差一天，缘于回归年不是日的整数倍，以及公历闰年要增加一天。比如，春分总是出现在公历年的 3 月 21 日或 22 日，冬至总是在 12 月 22 日或 23 日等。相反，同一节气在农历中的日期变化很大，不同年份可相差达一个月。如 1955 年和 1956 年的清明都在公历 4 月 5 日，但相应的农历日期分别为乙未年三月十三和丙申年二月十五，近乎差 1 个月，其他节气的情况也是如此。既然节气依据地球公转周期而定，本质上便属于阳历，节气轮回符合四季变化规律,从而弥补了农历历年与气候变化不符的缺陷。设置节气是中国农历的重要特点。

节气又可分为“节气”和“中气”两类,并交替安置。属于“节气”的是小寒、立春、惊蛰、清明、立夏、芒种、小暑、立秋、白露、寒露、立冬、大雪;属于“中气”的有冬至、大寒、雨水、春分、谷雨、小满、夏至、大暑、处暑、秋分、霜降、小雪。二十四节气在阳历一年中的配置可以按地球公转运动周期在时间上作 24 等分,称为“恒气”,每个节气的时间长度相等;也可以按地球公转轨道路径均分为 24 等份,称为“定气”,这时各个节气的时间长度是不等的,而现行的节气便属于“定气”。根据开普勒第二定律,即地球公转运动的面积速度不变,冬至前后地球靠近近日点,轨道运动速度快,节气长度不足 15 天;夏至前后地球靠近远日点,轨道运动速度慢,节气长度超过 15 天。

为使历年的平均长度等于回归年,农历设置闰年——凡闰年增加一个月。农历历年的安排是平年 12 个月,历年长 354 ～ 355 日;闰年 13 个月,历年长 384 或 385 日,增加的一个月称为闰月;19 个历年中设置 7 个闰年,即“十九年七闰法”。这样一来,19 个历年的总长度和 19 个回归年的总长度近乎相等,仅相差 2 时 9 分 36 秒。

农历闰年,以及闰年中闰月的设置规则颇为复杂。一方面,农历闰年有 13 个月,其中增加的一个闰月如何插入是有严格规定的。农历历月长 29 ～ 30 日,平均约 29.5 日,因此一般情况下含有两个节气,或者说一个节气一个中气。另一方面,24 个节气的总长度约为 365.25 日,连续两个节气的平均长度约为 30.5 日,比农历历月的平均日数约多一天。因此,农历每个历月中节气和中气所在的日期必然比上一个月推迟 1 ～ 2 天,而其累积效应是,每经过 32 ～ 33 个历月后,必然会有一个月仅有节气(在月中)而没有中气,这一个月便定为闰月。闰月前为几月,该闰月便称为闰几月,如五月后的闰月便称为闰五月。农历的这种置闰法则保证了历年的平均长度非常接近回归年长度，也决定了凡闰月必定只有一个节气，且一定不是中气，而其他历月都有两个节气，个别月份甚至可以有三个节气。

农历并非完美无瑕，它的最大缺陷是不同年份历年的长度相差太大，可达 30 ～ 31 日之多，有时会给人们在生活或工作安排上带来某种不便。最明显的就是国人最重要的节日——春节（农历正月初一）在不同公历年份中的日期可变动 1 个月左右，这就会给学校的学期课程设置带来一定的麻烦。传统节假日的公历日期也会有类似的变动，如中秋节常在国庆节之前，偶然也会晚于国庆节，甚至与国庆节重合，这时国务院和地方政府需得花一番工夫来调节假日安排。

为何不见“闰春节”

在中国的农历中，每隔 2 ～ 3 年就会出现一个闰年，这一年中就有了闰月。例如，与 2009 年相应的农历己丑年含有闰五月，于是这一年就好像有了两个端午节，一个是五月初五的“正牌”端午节，另一个是闰五月初五的“闰端午节”，不过后者是不会成为国定假日的。可是，人们似乎从来没有遇到过闰正月，这又是为什么？这一问题与农历中节气安排方式和置闰规则有关。

在现行农历中，节气设置采用“定气”（参见“农历闰月仅含一个节气”）方式，即按地球公转轨道运动一整周的路径长度均分为 24 段，每段归属一个节气。节气又可有 3 种含义：第一种是指相应时间段的起算点，第二种是指整个该时间段，第三种是指时间段起算时刻所在的那一天。例如,2010 年清明节气的起始时刻为 4 月 5 日清晨 5 时 35 分,通常称 4 月 5 日为清明,而清明节气的长度是从 4 月 5 日 5 时 35 分起到 4 月 20 日中午 12 时 33 分,后者也就是下一节气谷雨的起始时刻。第三种是民用上的定义,节气的含义是一天,而前两种是天文学上的定义,节气的含义是某个时刻或者两个时刻间的时间段。

采用“定气”方式时,尽管在各个节气内地球的运动路径长度相等,但因地球在公转轨道上的运动速度并不均匀,故各个节气的时间长度是不等的。北半球冬季地球运动得快,两个节气的平均时间长度约为 29.74 日,比朔望月长度 29.53 日只长了 0.21 日,节气逐月向后推移得很慢,难以出现一个农历月中仅有一个节气(因而可以插入闰月)的情况,所以冬季设置闰月的可能性很小。北半球夏季的情况恰好相反,一个节气可长达 16 日之多,加上冬季期间节气逐月后移的累积时数,夏季及其前后的几个月,如农历三、四、五、六、七月后的闰月设置较多。

中国科学院紫金山天文台曾编纂了一本 200 年年历,在公元 1821 年至 2020 年这 200 年中,共有农历闰月 74 个,其中闰正月、闰十一月、闰十二月一次也没有。闰五月为最多,达到 17 次,其次是闰三、四、六、七月,分别为 9、15、10、8 次。另外,有闰二月 6 次,闰八月 6 次,闰九月 2 次,闰十月 1 次。既然没有闰正月,也就不会出现“闰春节”了。

明白了农历置闰的规则,一些迷信和伪科学问题也就迎刃而解。

农历闰年有 13 个月,闰年出现和闰月的安置有严格的人为法则,与天象、气候及社会活动或个人未来命运风马牛不相及。农历设置闰年有 19 年一轮回的规律,但事实上并没有发现与 19 年有关的大范围或局域地区的周期性气候变化,19 年置闰周期与太阳 11 年活动周期亦不相合。因此,民间流传的所谓闰 × 月之年天气特别热，或者闰年会有凶兆、不宜婚娶之类说法，都只是星象学的杜撰，毫无科学根据，现代人完全不应相信。

每逢岁末年初，媒体上常有“一年两头春”或“年内无春”的报道，这里提到的“春”实质上是指二十四节气中的“立春”，而“年”是指农历年。立春的公历日期固定在2月4日或5日，农历岁首（春节）的公历日期变化在1月20日—2月20日之间。因此，如果某年春节出现在公历2月4日（或5日）之前，而该农历年又是含有13个月的闰年，历年长384～385天，比相邻两次立春之间的时间间隔（公历年长度）365～366天要长18～20天。这种情况下，农历的历年中就会含有2次立春，一次必在农历年初，另一次必在农历年末，即所谓“一年两头春”，该农历年便含有25个节气。相反，如果农历春节出现在立春日之后不久，而该农历年又是平年，长354～355天，比公历年短11～12天，那么这个农历年中就没有立春，仅含23个节气。可见“一年两头春”或“年内无春”之说，实际上起因于公历年长度和农历置闰规则，与人类社会生活中的任何事件毫无关系。

黄道并无吉日

中国民间常有“黄道吉日”一说。那么，何谓黄道？黄道上难道真有大吉大利之日吗？

地球公转引起太阳等各种天体的周年视运动。白天，阳光使星星隐匿不见，无法看出太阳相对恒星背景的逐日移动，但这种运动可间接地反映为每过一天，同一颗星在夜间升出地平线的时刻会提前约 4 分钟。天文学上称太阳周年视运动的轨迹为黄道，它是地球公转轨道面（黄道面）与天球的交线，太阳每天沿黄道约移动 1°。

月球和行星的视运动轨迹与黄道很接近，它们在天空中的位置总是离黄道不远，3 000 多年前的古巴比伦人注意到了这一点。如果在黄道两侧各 8° 划出一条宽 16° 的条带——黄道带，则任何时间月球和行星的位置不会越出黄道带范围。

黄道在天空中共穿越 13 个星座，其中的 12 个星座称为“黄道十二星座”，它们依次是白羊座、金牛座、双子座、巨蟹座、狮子座、室女座、天秤座、天蝎座、人马座、摩羯座、宝瓶座和双鱼座。各个星座占黄道上的范围差别甚大，如室女座最大为 45°，天蝎座最小只有 6°。实际上，黄道还穿越另一个范围颇大的星座——蛇夫座，但由于历史原因，蛇夫座并不归入黄道星座之列。

与黄道十二星座相平行的另一个概念是黄道十二宫，两者的名称相仿，但含义大为不同。所谓黄道十二宫，是把黄道带等分为 12 份，每份均占 30°，用相应的黄道十二星座名来命名，但完全不考虑对应星座的实际范围大小。这十二宫的名称分别是白羊宫、金牛宫、双子宫、巨蟹宫、狮子宫、室女宫、天秤宫、天蝎宫、人马宫、摩羯宫、宝瓶宫和双鱼宫。太阳在每个宫内逗留 30 天有余，然后移入下一宫，周年计 365.242 2 日。太阳在黄道星座内逗留的时间则因星座大小而异，如在室女座内约为 45 天，在天蝎座仅 6 天。黄道十二宫的概念始于古巴比伦，后传至古希腊、古印度、阿拉伯和欧洲各国，隋代传入中国。

在设立之初，黄道十二宫的名称与黄道十二星座是一致的，如白羊宫大体上就位于白羊座，金牛宫位于金牛座，等等。由于岁差的原因（参见“织女星将会成为北极星”），在漫长的岁月中两者渐而分道扬镳，目前黄道十二星座已经与黄道十二宫错开了约一个宫的位置。

黄道十二宫

如白羊宫的位置现已不在白羊座，而是移到了双鱼座等，“宫”的名称已不再反映原先对应的星座了。

在民间，黄道十二宫的名声远大于黄道十二星座，原因是黄道十二宫在星占学中有着举足轻重的地位。古人缺乏科学知识，对宇宙和星空因不知其内在规律而深感敬畏，于是便形成了“天人合一”“天支配地”之类的迷信思想，认为日月星辰的相对位置会预示并影响人世间的行为和凶吉。

与黄道十二宫有关的迷信观念为数不少。一年内太阳在十二宫中游走一周，每个宫中逗留的日期各不相同，每个人不难找到与自己生日对应的一个“宫”，如 3 月 21 日—4 月 20 日间出生的人“属”白羊宫，4 月 21 日—5 月 20 日内出生的人是金牛宫，等等。到这一步并无什么迷信成分，只不过好玩而已。问题在于，接下来把个人的性格甚至命运与自己那个“宫”联系起来，这种星占学的把戏就荒诞无稽了。世界上同“宫”之人必数以亿计，这么多人居然会有相同的性格？显然令人不可思议，决不可信以为真。“宫”论实质上是国人“生肖”论的现代翻版，只不过生肖以 12 年为一轮，宫则以 12 个月为一轮。如果由“宫”论和“生肖”论得出相反的结果或预测，你又该听哪一个？

黄道吉日是星占学的又一花招。在过去的皇历（乃至现在的一些年历）上，会注明某日乃所谓“吉日”，宜搬家、婚娶、出行、企业开张等；另有与之相反的所谓“凶日”，逢该日则诸事不宜，甚至不可出门。世界之大无事不有，上海办世博会，一派歌舞升平景象，而同一天伊拉克却发生自杀式恐怖袭击，多人遇难，此为“吉日”抑或“凶日”？太阳在黄道上的每一天，也就是普罗大众日常生活中的每一天，并无“吉日”“凶日”之分。人们需切记：“黄道并无吉日。”

探索外星生命

tansuo
waixingshengming

另类生命起源观

生命如何起源，又起源于何处，这无疑是重大的基础研究课题。通常认为生命起源于地球本土，从有机分子到细胞，由简单到复杂，最终进化出人——这种观点或可称为“本地说”。后来出现了另一种观点，主张能形成原初有机生命的物质并不存于地球本土，而是来自地球外的“舶来品”，或可称为“外源说”。

1924年，苏联生物学家奥帕林在《生命的起源》一书中首次明确提出，地球形成初期的大气成分与现今的大为不同。美国生物学家米勒和尤里赞同奥帕林的观点，认为早期地球大气的主要成分并非氮和氧，而是呈弥漫分布的甲烷、氢气、氨和水，它们在自然界放电现象的触发下发生化学反应，并生成核酸和糖之类较复杂的有机分子，原始生物可能由此孕育而来，并从低级向高级进化，直至诞生现代人。

1953年，米勒公开演示了推测生命起源的实验。他在实验中复制了原始地球大气的条件，并用电流作为能源，结果发现7天后参与实验的六分之一甲烷变成了一些较为复杂的分子，包括蛋白质中最简单的两种氨基酸——丙氨酸和甘氨酸。米勒的结果为后人的一些实验所证实，说明构成活组织的主要分子可以通过此类途径自然产生。

1985年，美国古生物学家斯坦利提出，太古时代一些深海火山的地质环境与现在的海底洋中脊相类似，合成原初有机分子的化学反应就是在那里发生的，并能进而诞生原始生命。后来，有人在洋底火山附近找到了热泉中能存活的嗜硫细菌，这就为“生命的海底火山起源说”提供了可能的证据。

“本地说”的出现最晚可追溯到巴斯德和达尔文时代，但“外源说”之面世比这要晚许多。“外源说”认为，地球上原来并不存在形成生命所必需的化合物胚种，生命胚种应该来自地球之外。宇宙空间中早已有有机分子存在，它们会附着在彗星之类小天体或其碎片上，一旦闯入地球，便给地球带来了原始生命胚种——有机化合物。1990 年，有美国科学家具体指出，白垩纪和第三纪交界附近地层中的有机尘埃，即源自彗星掠经地球时所散落的含有氨基酸的尘埃。地球形成之初此类事件的出现远比现在频繁，是这些天外来客给地球带来了生命之源。

1963 年，射电天文方法成功探测到星际分子，在所发现的几十种分子中大多是有机分子，复杂者如氰基辛四炔由 11 个原子组成。尽管人们对星际有机分子的形成和化学演化机制还没有弄得很清楚，但它们的普遍存在已毋庸置疑。

陨星乃是地球外天体的样本。作为它们的前身，流星体长期在极低温行星际空间中漫游，很好保留住了物质的原初状态。流星体落地即成为陨星，它们犹如另类“化石”，为相关研究提供了颇为珍贵的标本。

外源说

石质陨星（陨石）中有一类称为“球粒陨石”。人们在这类陨石中发现了多种有机物,与生命起源有关的典型代表是 1950 年落在美国的默里陨星和 1969 年落在澳大利亚的默契逊陨星。1971 年,有关科学家从后者碎块中分离出 18 种氨基酸,其中 6 种为蛋白质内所常见的成分;此后不久,对默里陨星的检测亦得出同样结果。这两位天外来客的陨落时间相差近 20 年,发现地相距甚远,所含的有机成分却如此相像,说明陨星中含有氨基酸等有机物很可能是一种带有普遍性的事实。1973 年,人们又在陨星中发现了构成活细胞主要成分的脂肪酸。这些研究结果表明,尽管在陨星中所找到的只是有机化合物而不是生命本体,但它们却是地外自然界的真实杰作,而并非地球上的"土特产"。

两者相比,"本地说"显得较为自然,容易为人认同,而"外源说"则难逃标新立异之嫌。不过,越来越多的事实表明,"外源说"确有其科学依据,构成生命的物质乃至生命本身不见得只现身于地球一家。两种观点孰是孰非,尚待人们深入研究以予证实。对于地球上的生命起源,两种机制会不会都曾起了作用呢?有人提出,地球形成早期因大陨星撞击而产生的高热和强冲击波,可以在原始大气中触发合成有机物的化学反应,这似乎可算作把"外源说"和"本地说"结合起来的一种尝试。

敢问外星人在何方

有机分子的出现不等于生物必然诞生,更不意味着最终一定会进化出高等生物。要能生成现代地球人这样的智慧生命,需要满足一系列不可或缺的条件。

首先，生命不可能出现在表面温度很高（几千摄氏度或更高）的恒星上，但生命的存在又离不开恒星的光和热。据此推知，生命只能出现在恒星周围的行星上。

生物学研究表明，生命从最简单形态进化到高等生物需要非常长的时间。约在35亿年前地球上就已出现了一种称为蓝绿藻的单细胞生物。经过25亿年漫长时光后，才进化出较复杂的多细胞生物，又过了6亿年植物和动物才相继出现。恐龙灭绝事件发生在大约6 500万年前，这些庞然大物此前盘踞地球长达1亿多年。北京人出现于约69万年前，人类有文字记载的历史仅四五千年，约占地球年龄的百万分之一。

可见，从地球形成起，到进化出高级智慧生物至少需40亿年时间，其中诞生高等生物，特别是具备高科技能力的阶段，只是这一过程中最后非常短的一段时间。例如，人类在50多年前发射了第一颗人造卫星，这50年占生命进化历程的亿分之一，而且必然出现在最后“一瞬间”。

因此，诞生高等智慧生物的第二个条件是，行星及其母恒星必须在四五十亿年时间内保持稳定态。质量越大，恒星寿命越短，大质量星的寿命只有几百万年到几千万年，周围即使有合适的行星并诞生某种形态生物，也无足够时间进化成高级智慧生命，晚期红巨星阶段恒星会使行星表面急剧升温，甚至把行星整个吞掉。可见，高等生物只能在太阳那样或质量更小的恒星周围的行星上出现。

恒星周围一定有行星吗？尽管在太阳系外已发现了许多“外星行星”，有些恒星周围的行星还不止一颗，但目前尚无法详细探究它们的性质，甚至无法确认是类地行星还是类木行星，遑论研究其环境是否适合生命的诞生和进化。若是类木行星，没有固体表面，就不可能进化出高等生命。母恒星周围要有类地行星存在是诞生高等生物的第三个条件。

要能进化出高等生物，行星必须位于母恒星的所谓“宜居带”之内，既不能太近，又不能太远。这个问题相当复杂，宜居带的范围很窄，且随恒星而异。有人估算过，要是日地距离比现在再小5%，地球上就不可能存在生命，而再远1%，地球便会彻底冻结，可见条件非常苛刻。银河系也有宜居带，但在旋臂等恒星密集区，超新星爆发相对频繁，而爆发产生的高强度γ射线会杀死大范围内已有的一切生物。

要出现生命，行星上必须存在合成有机物所必需的化学元素。地球上的生命是自然进化的结果，外星高等生命的基本样式应该与地球人没有本质差别，比如也要喝水，需要呼吸氧气，等等。可惜迄今只知地球上生命一种样本，无法就此作深入探讨。

银河系中有1 000多亿颗恒星。德国天文学家基彭哈恩曾估算，如果乐观假定每颗合适的恒星周围至少有一颗位于母恒星宜居带内的类地行星，且行星上一定存在能诞生和维持生命所必需的化学元素，则银河系中此类行星可能有100万颗左右。但是，能进化出地球人那样的高级智慧生命的行星数要少得多了，也许只有几百颗，甚至更少。因为这些符合条件的行星的年龄可以相差很大，要是只有20亿年，那么即使有生物也一定非常原始，不可能已进化到地球人的水平，更谈不上掌握高科技手段。目前地球人所掌握的能用于远距离通信的唯一技术手段是无线电波，即使在几百年前，人类对无线电技术还是一无所知。另外，如果在遥远的某些行星上确有外星人存在，但必须与他们联系上才能予以证实，否则仍然是一个谜团。

基彭哈恩的观点仅是一家之言，有很多不确定性。宇宙中合适的行星究竟有多少个？高等生命是否只能取地球人这样的单一形式？这类问题目前根本无法给出令人信服的答案。银河系之外还有数以百亿计的河外星系，宇宙中能够进化出高级智慧生命的行星肯定是存在的。要是认定宇宙中这样的行星只有地球一个，那么这种思维无异于现代版的“上帝创造人”。不过，这样的行星一定不会多到随处可见。

从宇宙时间尺度看生命进化

为了更具体地体会到生命进化过程之漫长，以及地球人掌握高科技时段之短暂，不妨借用德国天文学家西顿托夫曾用过的一种图解式比较(或可称为“时标压缩法”)。

设想把太阳目前的年龄 50 亿年定义为 1 宇宙年，于是就有了下列宇宙时间标度：

1 宇宙年 ≈ 50 亿年；

1 宇宙周 ≈ 1 亿年；

1 宇宙日 ≈ 1 400 万年；

1 宇宙时 ≈ 60 万年；

1 宇宙分 ≈ 1 万年；

1 宇宙秒 ≈ 160 年。

然后，试用这一新的时间标度，来表示自宇宙大爆炸以来，与地球上生物进化过程有关之主要节点的发生时间。下面是相关的时间表：

宇宙因大爆炸诞生	3 年前；
银河系最年老恒星的形成	2 年多前；

太阳和地球先后形成	第三年 1—2 月；
蓝绿藻类出现	3—4 月；
有细胞核的大细胞出现	9 月；
进化出高级复杂的多细胞生命	10 月下旬；
植物和动物相继出现	11 月底；
恐龙生存期	12 月 15—25 日；
最早出现的直立人	12 月 31 日 21 时；
北京人出现	12 月 31 日 23 时；
尼安德特人出现	12 月 31 日 23 时 50 分；
现代人出现	12 月 31 日 23 时 55 分；
人类开始有文字记载历史	12 月 31 日 23 时 59 分 30 秒；
发明光学望远镜	12 月 31 日 23 时 59 分 57 秒；
射电天文学诞生	12 月 31 日 23 时 59 分 59.5 秒；
发射第一颗人造卫星	12 月 31 日 23 时 59 分 59.7 秒；
哈勃望远镜上天	12 月 31 日 23 时 59 分 59.88 秒。

上面这个表给出了一些什么信息呢？请记住，3 年约有 1 000 天，或约为 24 000 小时，或 1 440 000 分钟，或 86 400 000 秒。

1. 在地球上，从单细胞生物出现，到进化出多细胞生物，所经历的时间超过地球现有年龄的一半，而且直到最后的 3 小时（即 180 万年前）才出现最早的直立人，这足以说明生命的早期进化过程相当缓慢。

2. 地球人掌握高科技手段出现在最近很短的一段时间内，如以射电天文学诞生作为标志，这段时间尚不足地球上至今生命进化过程总时段的亿分之二。

3. 作为高等智慧生物的地球人，其智慧“水平”，即所掌握的高科技水平，越到后来发展得越快。

可见，如果外星生物的进化历程与地球生物相仿，那么要能进化出与地球人相似，甚至智慧水平高于地球人的外星人，外星人所在的外星行星必须有足够大的“星龄”，比如40亿年。一般意义上的外星生物则与之不同，能诞生最简单的外星单细胞生命，外星行星的星龄也许10亿年就够了。这里，目前只是也只能从地球生命的进化过程来推测外星生命和外星人，其中的不确定性之大就可想而知了。

“地球人名片”与“地球之音”

20世纪70年代，随着空间科学技术的长足进展，人类开始实施利用空间探测器与外星人进行被动式联系——用实物而不仅是射电信号让外星人知道有地球人存在。

1972年3月2日和1973年4月5日，美国先后发射了“先驱者”10号和“先驱者”11号两台探测器，其主要科学目标是对木星进行考察，同时又是人类派往太阳系外空间进行“访问”的首批使者。两台探测器各携带了一块被昵称为“地球人名片”或“地球名片”的镀金铝板，大小为22.9厘米×15.2厘米，厚1.27毫米，重约120克，特殊的材料和工艺能保证其在星际空间中暴露数亿年而不致变形变质。铝板上刻有经精心设计的特种图案，两位美国天文学家德雷克和萨根参与了这张“名片”的设计。铝板右部刻有男、女两性地球人的正面站立裸体像，其中男性地球人举起右手以示向外星人致意，他们身后是相同比例的“先驱者”号探测器之轮廓。下方一长列为太阳和太阳系行星(包括当时列为行星的冥王星)按实际大小比例绘制的示意图,其中注明"名片"从距太阳第三近的行星——地球送出。左上方绘有表征地球人科技水平的中性氢超精细跃迁结构;左边中部是用二进制点划线表示的地球到14颗脉冲星的距离信息。地球人希望有朝一日这张"名片"能最终被外星智慧生命获得并加以破译。"先驱者"10号的最后一次信号是2003年1月22日收到的,但其中已无任何遥测数据。目前,这两个探测器正以约1天文单位(约等于1.5亿千米)每年的速度远离太阳系,不过早已与地球失去了联系。

1977年美国发射的两艘"旅行者"号探测器上,携带了称为"地球之音"的唱片。唱片由镀金铜板制成,直径30.5厘米,包括一个瓷唱头和一枚钻石唱针。设计者有萨根夫妇及一些科学家和音乐家,唱片内容则要比"地球人名片"丰富得多。

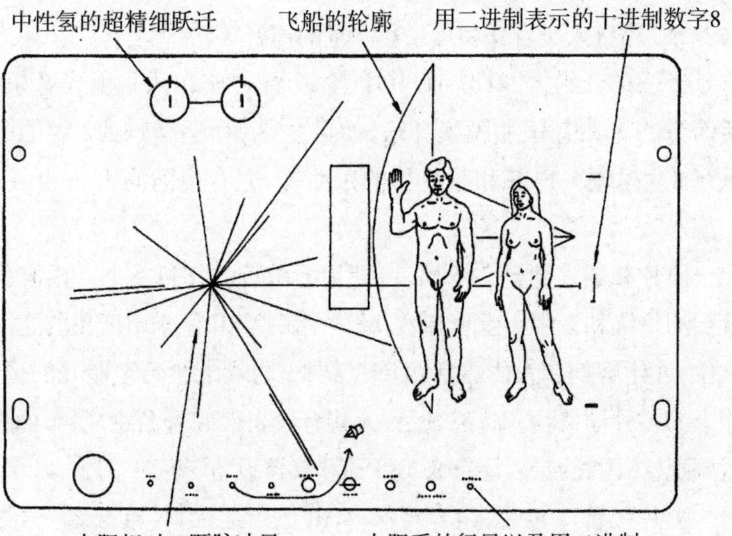

地球人名片

唱片首先说明该装置系美国制造，并对地球作了非常简要的介绍，还有一段时任联合国秘书长瓦尔德海姆的口述录音，以及一份当时美国总统卡特签署的电文。此外，更有大量的照片和图表、不同语言的问候语、各种各样的声音、多首古典和现代音乐等。

有意思的是，在55种不同语种的问候语中，中国汉语占了3种，其中普通话是“各位都好吧，我们很想念你们，有空请到我们这儿来玩玩”，上海话是“祝那大家好”，而闽南话是“太空朋友，你们好，你们吃饱了没有”？其他问候语如阿拉伯语是“向诸星的朋友们问候，愿我们有朝一日能相会”，英语是“哈啰，行星地球上的孩子们向你们问好”，等等。

众多的声音中有35种是自然界的声音，如海浪声、风雨声、雷声等和鸟类、青蛙、鲸等动物的声音；人类各种活动发出的声音，如爆炸、砸盘子、枪炮声、交通工具（包括汽车、火车、飞机等）声、莫尔斯代码声等；还有人类自身如母亲和儿童的声音等。

音乐部分约占90分钟，其中有27首古典音乐和现代音乐，包括西方的古典音乐和民族音乐，如贝多芬《命运交响曲》中的第四乐章《欢乐颂》，巴赫和莫扎特的乐曲等，亦有中国的古典名曲《高山流水》。

照片和图表共计116幅，可谓是缩微版的百科全书。内容包括太阳的位置和太阳系重要参数，数学、物理学和化学中所用的定义和单位，人体解剖和人体器官、DNA结构，男女老少乃至胎儿的像，地球上的各种动植物和自然景色，一些有代表性的著名建筑物，如悉尼歌剧院、中国长城等，还有人类活动和仪器设备，等等。

唱片经特殊包装，内容可保存10亿年之久。“旅行者”号探测器至今飞行了30多年，距离已超过90天文单位，并以每年3天文单位以上的速度不断远离。不过，地球人想要得到外星同类的回音恐怕只能是一种无尽期的奢望。这是因为按飞行速度，唱片到达最近的恒星也需几百万年甚至更长的时间，且无从知晓那里有无适合生物存在和长期进化的外星类地行星，更不知道有没有足够聪明的外星人！

探测外星行星之路

为了找到外星伙伴的踪迹，科学家们的探究方向除了“旅行者”号之类的空间探测，他们同时还沿着另一条途径一步一步地开展探索工作：先设法寻找外星行星——太阳系外其他恒星周围的行星，确认其中的类地行星——这是可能存在外星生命的前提之一，进而研究这些行星上存在生命的可能性，以及彼处的外星生命可能进化到了哪个阶段。

行星和恒星的性质完全不同。行星质量比恒星小得多，如太阳系中最大行星木星的质量尚不及太阳质量的千分之一。行星主要靠反射母恒星的光而发光，亮度极为微弱，通常只及母恒星亮度的几十亿分之一，直接观测到绕恒星运行的行星颇为不易。

自 20 世纪 80 年代起，天文学家开始通过一些间接的方法来探测外星行星，并取得很大成功。这些方法中主要是视向速度法和行星凌星法，此外还有天体测量法、脉冲星计时法、微引力透镜法等，方法的基本原理都是利用类似于探测不可分辨双星的一些间接观测效应。

当远方恒星的周围有一颗不可见行星存在时，行星的引力作用会使恒星周期性地接近和远离地球，并因多普勒效应而在恒星视向速度的变化中反映出来：视向速度观测值会周期性地增大、减小，其变化周期就是行星绕母恒星的公转周期。要是行星不止一颗，视向速度变化方式就比较复杂，但仍有规律可循，并不难从中推算出每颗行星的某些参数，如质量、公转周期等。为能利用这种方法发现外星行星，恒星视向速度的测定精度必须很高。

1995 年 10 月 6 日，两位瑞士科学家用这一方法在 45 光年远的恒星飞马座 51 周围发现了第一颗主序星的外星行星，不过在这之前已有人探测到一颗脉冲星周围的行星系统。2009 年 4 月 21 日，人们利用视向速度法确定恒星 Gliese 581 的第四颗行星 Gliese 581e 之质量仅为地球质量的 1.9 倍，是迄今所知质量最小的外星行星。

当外星行星的公转轨道面与观测者视线方向接近时，行星会从母恒星前方通过，称为“行星凌星”，恒星亮度因之而减弱，且减弱现象具有周期性，由此可探知其周围有行星存在，这就是行星凌星法。凌星时恒星亮度减弱得很少，如木星大小的行星会使恒星亮度减小 1% 左右，对地球大小的行星来说仅为 0.01%。可见，凌星法的成功实施须有很高的测光精度。

随着观测技术的进步，近期已拍得了外星行星的照片。对此，红外观测尤为重要——红外波段行星和母恒星的亮度仅相差 100 万倍，而不是可见光波段的几十亿倍。2005 年 4 月 4 日，德国科学家公布了由斯皮策望远镜拍摄的恒星 GQ Lupi A 及其行星 GQ Lupi b 的照片，距地球约 400 光年，行星到母恒星的距离超过 100 天文单位（150 亿千米），公转周期约 1 200 年。直接成像所发现的行星距离母恒星都比较远，如靠得过近，行星会被恒星光芒所淹没而无法显现。

截至 2010 年 8 月 27 日，已发现 490 个外星行星（大部分由视向速度法发现)，这一数字还在不断增加。有人估计不少于 10% 的类太阳恒星都会有自己的行星，而在银河系内行星的总数可达数十亿颗之多，其中约有三分之一应该是类地行星。已发现的外星行星大多是质量较大而易于找到的类木行星，且距母恒星比较近，多普勒效应较为显著而比较容易探测到。

确认外星类地行星后，下一步就要设法鉴别行星上是否可能诞生生命。比如 Gliese 581 行星系统中的行星 Gliese 581d 处于该恒星的宜居带内，有可能出现生命。进一步，还可以通过光谱观测分析行星的大气成分，比如是否含有氧、氮、甲烷、臭氧等，并与地球 46 亿年演化史上不同时期的大气组成进行比较，为外星行星上能否出现生命，以及可能所处的进化阶段提供某些重要线索。曾有报道称，哈勃太空望远镜等空间探测器在一些外星行星上发现了水、一氧化碳、二氧化碳、甲烷等大气谱线，这令科学家们欣喜不已。

地球人正朝着探索外星同类这一既定目标迈进，只要持之以恒，未来有重大发现是值得期待的。